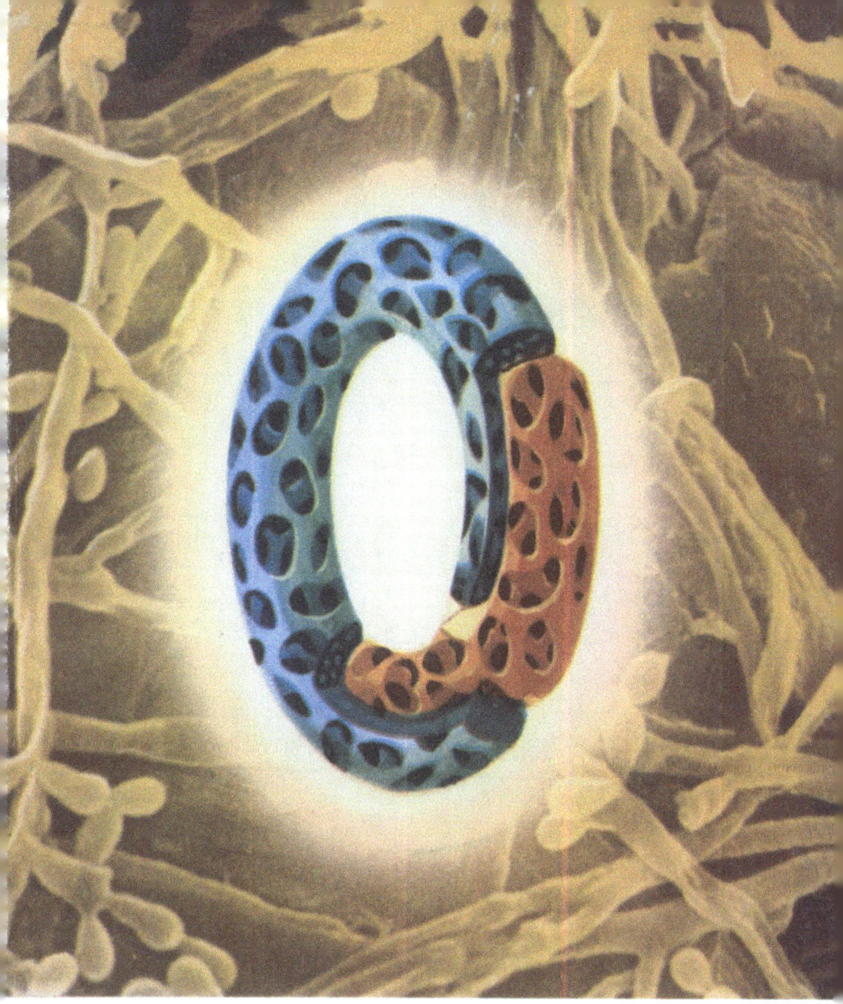

НАУЧНО-ПОПУЛЯРНАЯ ЛИТЕРАТУРА

В. Т. Емцев

Рубежи биотехнологии

НАУЧНО-ПОПУЛЯРНАЯ ЛИТЕРАТУРА

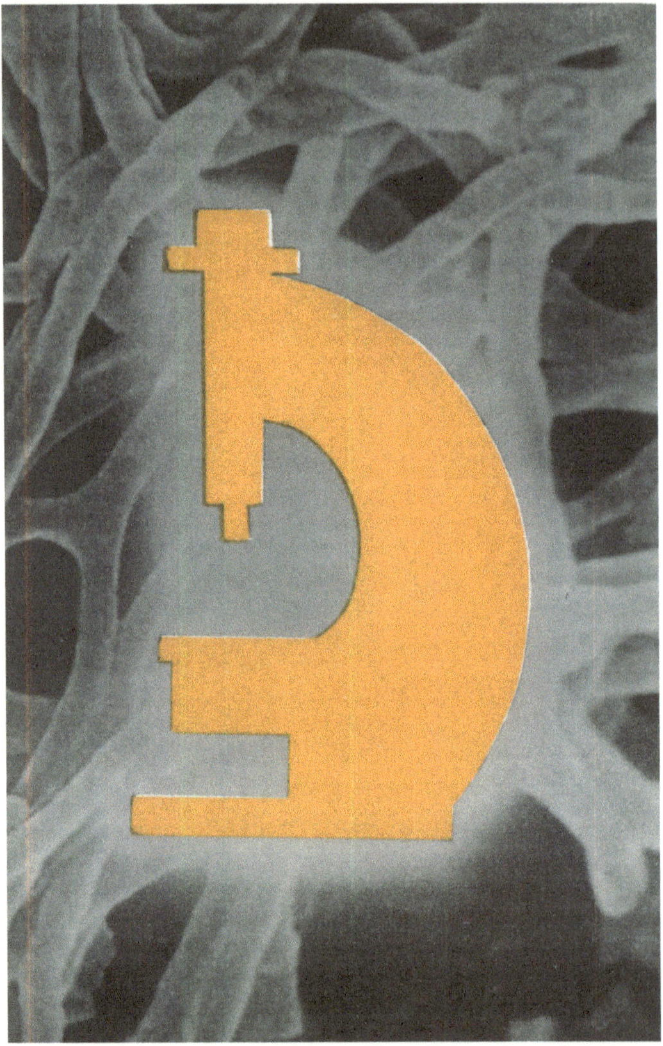

В. Т. Емцев

Рубежи биотехнологии

Москва
Агропромиздат
1986

ББК 28.070
Е60
УДК 577.2

Рецензенты: доктор биологических наук профессор *С. А. Коновалов*, доктор биологических наук *С. В. Летунова*, кандидат биологических наук *Г. Г. Кривцов*

Емцев В. Т.

Е 60 Рубежи биотехнологии.– М.: Агропромиздат, 1986.– 159 с.: ил.

Эта книга – популярный и увлекательный рассказ о биотехнологии – новой, чрезвычайно перспективной научно-технической отрасли. Вобрав в себя достижения доброго десятка современных наук (прежде всего – молекулярной биологии, генетики, биохимии, микробиологии), наследуя и совершенствуя опыт прошлого, биотехнология становится могучим фактором дальнейшего развития и интенсификации народного хозяйства, в том числе и аграрного производства, вносит свой весомый вклад в дело охраны окружающей среды.

Книга адресована массовому читателю.

Е $\frac{3802010000-500}{035(01)-86}$ 107-86 **ББК 28.070**

Предисловие

Ни один из минувших веков не получил столько красноречивых и быстро сменяющихся имен и названий, как наше двадцатое столетие. Во второй его половине, по мере развития науки и превращения ее, если вспомнить высказывание Маркса, в материальные силы производства, такие определения все больше приобретали отзвук научной терминологии. Они отражали успех той или иной отрасли человеческого знания: «атомный век», «век антибиотиков», «век пластмасс», «столетие компьютеров», «космическая эра»... Право, иногда в калейдоскопе подобных эпитетов трудно точно обозначить, в какое именно время мы живем. Но так или иначе за каждым из них стоит сегодняшняя реальность. На наших глазах в множестве возникают новые научные дисциплины и новые технологии. Видимо, в какой-то мере только сумма их, взятая в сложном социальном взаимодействии, определяет промышленный и общественно-культурный уровень развития общества, называемого современной цивилизацией.

Вторая половина XX века ознаменовалась невиданным расцветом биологических наук. В нашей стране их практическая значимость отмечена в ряде государственных постановлений и решений. В 1966 году газета «Правда» писала: «... Учитывая большие успехи биологии, XXIII съезд КПСС подчеркнул целесообразность создания и развития в нашей стране новой отрасли – микробиологической промышленности». В короткое время объединение разрозненных, мелких и далеко не совершенных биохимических и микробиологических предприятий в единую отрасль принесло зримые плоды. И сегодня по темпам развития эта молодая отрасль опережает многие другие.

Путь, пройденный биотехнологией всего за два десятилетия, шаги саженьи нового направления ознаменовались многими важными изобретениями, открытиями и фундаментальными разработками, их внедрением в практику. В постановлении ЦК КПСС и Совета Министров СССР, принятом в 1981 году, в частности, отмечалось: «За последние годы успешно развивались исследования в области молекулярной биологии и молекулярной генетики, послужившие основой общего подъема всей биологической науки в нашей стране и более широкого использования ее достижений в различных отраслях народного хозяйства и медицины... На основе достижений физико-химической биологии в СССР формируется перспективная научно-техническая отрасль – биотехнология».

Признанная, можно сказать, с самого своего рождения государственно значимым фактом, биотехнология уже сегодня представляет собой исключительное, выдающееся явление современности. И пусть пока она находится лишь в стадии становления, но впереди ее ждут, по единодушному мнению ученых и специалистов, громадные свершения. Недаром о ней говорят как об основе грядущей «биологической» цивилизации XXI века. Однако и сейчас биотехнология – явно или незримо – проявляется везде: в сельском хозяйстве и медицине, в энергетике и металлургии, в космических исследованиях и компьютеризации, не говоря уже о биохимии, микробиологии и многих других науках. Не случайно, обнаруживая все новые практические аспекты, биотехнология привлекает пристальное внимание ученых и деятелей разных стран, становится объектом сотрудничества целого ряда государств, и в частности тех, которые под эгидой ООН приняли решение о создании международного научного центра по биотехнологическим проблемам.

В нашей стране важнейшим документом, стимулирующим развитие этого нового научно-производственного направления, стала Продовольственная программа СССР, одобренная майским (1982 г.) Пленумом ЦК КПСС. В решении задач, поставленных Продовольственной программой, большое значение придается биологической науке. В принятом в августе 1985 года постановлении ЦК КПСС и Совета Министров СССР о дальнейшем развитии биологии и биотехнологии определены крупные меры по ускорению развития данных научных направлений, внедрению их достижений в промышленность, сельское хозяйство, здравоохранение. XXVII съезд КПСС также указал на необходимость активнее внедрять научно-технические достижения в области биотехнологии и генной инженерии.

Методы и средства биотехнологии, опирающейся на фундамент биологических наук и иных отраслей знания, чрезвычайно разнообразны. Среди них попрежнему первенствует генетика, подарившая человечеству новые высокопродуктивные сорта сельскохозяйственных растений и породы животных, эффективные штаммы микроорганизмов, вырабатывающих кормовой белок, витамины, антибиотики, гормоны и многое другое.

В Советском Союзе селекционерами-генетиками выведен и передан в широкую практику целый ряд сортов зерновых культур, оказавшихся одними из лучших в мире по урожайности, качеству зерна, адаптации к условиям среды. Только химическому мутагенезу мы обязаны более чем сотней сортов пшеницы, риса, овса, кукурузы, подсолнечника. Генетика и селекция в племенном деле приносят свои щедрые плоды: созданы новые гибриды скота интенсивного типа. Перечень достижений отечественной генетики можно еще продолжать и продолжать.

На основе современной биологии в союзе с другими науками и с производством развивается биотехнология. Станет ли она «предтечей» своеобразной биологической цивилизации XXI века, покажет время. Наша же задача – познакомиться с биотехнологией поближе и понять ее особенности и возможности в решении продовольственной проблемы. Ибо, как писал выдающийся советский селекционер академик П. П. Лукьяненко, «проблема питания – одна из самых крупных, самых насущных и самых всеобъемлющих проблем. Именно в ней, как ни в какой другой, отражается состояние общества, именно в ней фокусируются научные достижения и социальный прогресс...».

Разумеется, в этой небольшой книге невозможно всесторонне охватить вклад, вносимый биотехнологией в различные области научно-производственной жизни современного общества. Можно лишь попытаться обнаружить рассеянные повсюду приметы рождающегося на наших глазах нового этапа научно-технической революции. А их очень много, и они ярки и красноречивы.

Но прежде чем начать обозрение рубежей биотехнологии, а как раз этому и посвящена наша книга, видимо, следует расшифровать, объяснить само понятие биотехнологии. Однако напрасно мы станем искать его в словарях сравнительно недавнего прошлого. Это словообразование новое, хотя и вобрало в себя привычные в теперешнем обиходе термины «биология» и «технология». Правда, от биологии осталась лишь частица «био», которая, несмотря на свою краткость, означает в переводе с греческого поистине глобальное понятие – жизнь, живое. Что же получается в результате – технология жизни, технология живого? Звучит такое определение эффектно, но особой ясности в наше понимание, казалось бы, не вносит. Мы знаем, что технологией называют совокупность методов обработки какого-либо сырья в процессе производства некоторой продукции. Выходит, и в нашем случае мы имеем дело с подобной системой обработки живых объектов?

Но тогда может ли она безоговорочно претендовать на новизну и оригинальность? Ведь человек во все времена так или иначе умел использовать живую материю для поддержания собственной жизнедеятельности. Сначала в самых простых, потом во все более сложных формах. Скажем, еще ничего не ведая о существовании микроорганизмов, он заставил «работать» на себя бактерии и дрожжи в процессах хлебопечения, сыроварения или при силосовании кормов. Не зная генетики, не понимая тонкостей действия молекулярных механизмов передачи наследственных признаков, создавал путем отбора и скрещивания новые сорта растений и породы животных. Вся эта тысячелетняя практическая деятельность тоже может именоваться технологией жизни. Да еще какой – блистательной, успешной, разнообразной! А сегодня она предстает в виде мощной биологической промышленности, воплощена во всем многообразии сельскохозяйственной продукции.

Почему же биотехнология претендует на особое место, на новизну и принципиальное отличие от прошлого опыта человечества? Чтобы понять это, нужно вернуться к такой краткой и такой всеобъемлющей частице «био».

Биология – союз наук о живой природе, о ее многообразных проявлениях, о всех живых существах, об их строении и функциях, происхождении, развитии, связи их друг с другом и с неживой материей. Словом, о всем том, что вокруг нас растет, дышит, ест, размножается, прыгает, плавает, ползает, чувствует, мыслит... Наука о живом прошла сложнейший историко-эволюционный путь, полный радости побед и горечи неудач, открытий и ошибок, свершений и заблуждений, пока, наконец, из науки описательной, систематизирующей, наблюдающей не превратилась в науку экспериментальную, управляющую процессами жизни уже не на уровне целого организма или клетки, а на молекулярном уровне. Разделившись на свои главные направления – биохимию, биофизику, биоорганическую химию, молекулярную биологию, молекулярную генетику и другие, биология действительно проникла в сокровенные тайны живого, что и обусловило на практике зарождение современной технологии жизни – биотехнологии.

Академик А. А. Баев так определяет ее нынешнее состояние: «...Все, что сегодня начинает дарить людям физико-химическая биология – это прежде всего побочный результат ничем не стесненного развития (в соответствии с внутренней логикой) целого комплекса фундаментальных наук. Именно фундаментальные науки были, есть и будут основой, без которой невозможно удовлетворение разнообразнейших потребностей человека. Прогресс этих областей знания лишний раз подтверждает верность старой мысли о том, что нет ничего более практического, чем хорошая теория».

Тут-то и кроется одно из важных отличий биотехнологии от давних биологических методов получения продукции и даже от биологической промышленности недалекого прошлого. Оно заключается в их разных родословных. Те же хлебопечение и сыроварение созданы многовековыми усилиями эмпириков. Биологическая промышленность зарождалась долго и трудно, в напряжении интуиции, в кропотливом отборе и анализе сотен тысяч экспериментальных фактов. Наука к этим отраслям пришла после, объясняя, изучая, исследуя и обобщая уже полученные результаты.

А вот биотехнология – поистине дитя науки. Она, как говорят ученые, родилась на кончике пера, явилась со страниц научных трудов, пробилась сквозь дебри расчетных формул и вышла из стен лабораторий в широкую практику.

Таково первое, по крайней мере, внешнее отличие: вначале была технология, затем – наука, которая ныне явилась основой современной биотехнологии. Понятно, что существуют и другие, более принципиальные и существенные их отличия, о чем мы еще подробно расскажем. А сейчас важно отметить, что такие отличия не зачеркивают историческую и научную преемственность обоих методов, их взаимную связь и зависимость. Ведь объект труда и изучения для них всегда был и остается одним и тем же – природа живой материи, возможности ее многообразного использования...

Итак, рождение биотехнологии связано с торжественным шествием фундаментальных наук. Она – своеобразный результат их развития, талантливая наследница их достижений. Кто же в таком случае может быть назван в качестве прямых «родителей» этого технологического чуда? Ныне принято говорить о науках, возникших на границах, где сходятся разные научные дисциплины: например, космическая медицина, математическая лингвистика, инженерная психология... всех не перечесть. Биотехнология уникальна уже тем, что родилась она на стыке (если только сложное и порой изящное взаимодействие наук следует обозначать таким «механистическим» термином) многих биологических дисциплин. Академик Ю. А. Овчинников перечисляет их: микробиология, биохимия, молекулярная биология, молекулярная генетика, биоорганическая химия, генетическая инженерия... А еще есть биофизика, цитология, радиобиология и прочие, пусть непрямые, но очень важные «родичи» даровитого «дитяти».

Однако ответом на вопрос, откуда, из каких наук к нам пришла биотехнология, ее определение не исчерпывается. Ведь у талантливых предков может оказаться бездарный потомок, и, напротив, заурядные родители порой производят на свет гения. Так что правильно понять данное явление, а биотехнология безусловно значительное явление современности, нам поможет оценка областей ее применения, масштаб экономических и производственных возможностей. В связи с этим интересно определение, данное этой отрасли знания Европейской федерацией биотехнологии в 1981 году. Характерно, что главный акцент делается на ее целевом назначении. Биотехнология рассматривается как объединение биохимической, микробиологической и инженерных наук с целью достижения технологического использования микроорганизмов, культуры клеток и тканей и составных частей клеток. Но поскольку эта молодая, бурно развивающаяся научно-производственная сфера на наших глазах образует новые ответвления и направления, вместе с ее совершенствованием будут уточнены и расширены ее научные определения. Например, у биотехнологии сегодня появился еще один многообещающий «отпрыск» – почвенная биотехнология, опирающаяся на огромный экспериментальный и производственный материал сельского хозяйства. Накопление знаний в области почвенной биотехнологии, полагают ученые, должно привести к реализации идей о непосредственном управлении микробиологическими процессами в плодородном слое, что, естественно, откроет новые возможности в получении высоких и стабильных урожаев.

Словом, как бы мы ни пытались поточнее определить биотехнологию, наиболее ясным остается одно: она рождена усилиями многих наук, познающих живую материю, и отвечает социальному заказу развивающегося человеческого общества. И для нас не так уж существенно, насколько точно мы очертим ее границы и обрисуем разнообразные аспекты (да вряд ли это и возможно для динамично развивающегося направления), а важно то обстоятельство, которое Ф. Энгельс называл практическим критерием бытия. Осваивая все новые сферы применения, распространяясь на все области прикладной биологии, биотехнология несет в себе огромный практический потенциал улучшения материальных условий существования людей, она совершенствует само качество нашей жизни.

Глава 1 | Молекулярная биология становится биотехнологией

Биотехнология начинается на молекулярном уровне

Сразу же оговоримся: начинается, но этим уровнем не ограничивается, потому что биотехнологическими объектами могут быть отдельные части клеток – вроде митохондрий, рибосом, хромосом, мембран, сами клетки и их коллективы – клеточные культуры, отдельные микроорганизмы и колонии микробов, а также самостоятельные многоклеточные растительные и животные организмы. Такие молекулы, как нуклеиновые кислоты, белки, ферменты, гормоны, феромоны, иммуноглобулины, остаются классическим полем деятельности биотехнологов. Эти химические соединения выступают в двоякой роли: они – орудие труда ученого, инструменты в его руках, с помощью которых он проводит исследование, и одновременно – итог, продукция, результаты такого труда. Для того чтобы получить фермент, нужен фермент... Но перед рассказом о манипуляциях генетиков, генных инженеров или биотехнологов следует вспомнить некоторые сведения о главных живых молекулах – белках и нуклеиновых кислотах.

Биохимия открыла нам неповторимый мир белков, которому нет аналогов в неживой природе. Ведь клетка растения или животного приблизительно на три пятых состоит из белков, с которыми так или иначе связаны все ее удивительные проявления и свойства. Строение белков ученые изучали долго. Сначала они установили, что белки состоят из аминокислот – химических соединений, обладающих благодаря наличию карбоксильной (COOH) и аминогруппы (NH_2) одновременно свойствами кислоты и щелочи. А между собой аминокислоты соединены так называемой пептидной (амидной) связью.

Белки – полимеры, в их состав входит от нескольких до многих тысяч аминокислот. Отсюда другое, более распространенное в применении к белкам название – полипептиды. Их молекулярная масса очень высока, достигает миллиона и даже больше. Всего же в природе существует только 20 аминокислот, но в белковых цепях аминокислотные остатки повторены тысячи раз. Меняя последовательность чередования аминокислот в белках, можно получить практически бесчисленное количество комбинаций, и любая из них будет обладать своей неповторимой химической индивидуальностью. Это множество белковых вариаций еще возрастет, если мы учтем, что каждая аминокислота может встречаться в белке несколько раз, и, кроме того, в строительстве белка участвует порой до четырех полипептидных цепей (например, как у иммуноглобулинов).

Только что мы говорили о первичной структуре белков – последовательности аминокислот в полипептидной цепи. Но белки способны сворачиваться в спирали разного вида, которые определяют их вторичную структуру. Белковые спирали в результате взаимодействия боковых цепей аминокислот и влияний окружающей среды зачастую сплетаются в клубок – глобулу, образующую третичную структуру белка. Химические свойства белков, их биологическое поведение зависят от характера, вида всех трех структур белковой молекулы.

Существует у белков и четвертичная структура, определяемая порядком расположения крупных белковых субъединиц. В клетках разных организмов белки объединены в сложные гармоничные системы и структуры. Мембраны, цитоплазма, митохондрии, рибосомы – все эти структурные элементы клеток построены из белков или включают их в качестве важнейших компонентов.

Белки выполняют многочисленные специальные «работы» по поддержанию процессов жизнедеятельности. Прежде всего, они служат продуктами питания, источником энергии для большинства биохимических реакций в клетках. Они же – главный строительный материал для тканей животного или растительного организма. Благодаря белкам сокращаются мышцы, усваивается азот атмосферы, используется солнечная энергия в процессах фотосинтеза, образуются различные соединения. Белки переносят вещества, ионы, протоны и электроны, ускоряют химические реакции, регулируют разнообразные процессы в клетках, тканях и организмах. Они же защищают организм от чужеродных тел, от инфекции. Им доступна уникальная способность различать форму молекул, «откликаться» на колебания температуры, «замечать» ничтожные примеси других веществ, реагировать на цвета.

Словом, белки – это сама жизнь, осуществленная на молекулярном уровне. И если жизнь, по известному определению, можно представить как идущий с затратой энергии процесс сохранения определенной специфической структуры, то именно белки являются основными носителями такой специфичности, разделяя важность и значительность своей деятельности только с нуклеиновыми кислотами (о них мы поговорим отдельно).

Среди многообразия существующих белков биохимия открыла и выделила особый класс – ферменты, познание природы которых сыграло особенно важную роль в рождении биотехнологии. Ферменты направляют и ускоряют все химические реакции клеток,

ФЕРМЕНТ

тканей организма. Это быстродействующий (до миллиона реакций в секунду!) элемент клеточной структуры, который управляет, как правило, одной определенной химической реакцией, не подвергаясь при этом сам никаким изменениям. «Работают» ферменты, если сравнивать с аналогичными промышленными процессами, в необычных условиях. Температура всего 30–40°C, давление – нормальное. И там, где человек, чтобы добиться успеха, вынужден применять значительные давления и температуры, ферменты выполняют свои обязанности «без натиска и горячки», причем с более высокими показателями производительности и чистоты продукции.

Как действуют ферменты? Исследования показали, что биокаталитический акт состоит из двух последовательных этапов. В первом – фермент находит в «толпе» молекул именно ту, которая должна вступить в реакцию, и соединяется с ней в единое целостное образование. Фермент устроен таким образом, что отыскиваемые им молекулы (их называют субстратом) подходят к нему, как ключ к замку. Соединившись с нужной молекулой, фермент образует с ней новый фермент – субстратный комплекс. Внутри такого комплекса совершается химическая реакция фермента с захваченной молекулой, после чего комплекс распадается на первичный неизмененный фермент и продукты реакции.

Фермент представляет собой гигантскую полипептидную цепочку самых причудливых пространственных форм: иногда это что-то вроде клубка, иногда словно бы небрежно скомканная нить. Но в работе участвует не вся полимерная белковая молекула, а только часть ее – так называемый активный центр. Он представляет собой участок фермента, снабженный специальными химическими группами, которые способны реагировать с молекулами субстрата. Сам активный центр ничтожно мал в сравнении с громадой белковой молекулы. Напрашивается сравнение с человеком, орудующим иглой или ножницами. Активным центром нашего «портного» являются только руки, точнее, ловкие умелые пальцы, хотя сами по себе они невелики в сопоставлении с размерами и массой человеческого тела.

В своем действии ферменты очень избирательны. Так, при переваривании белка, разрывая его полипептидную цепь на кусочки, ферменты, названные протеолитическими, расщепляют только те участки, которые образованы определенными группами двух аминокислот, и никакие другие места соединений в молекуле белка их «не интересуют». Например, хемотрипсин разрушает связи между фенилаланином и тирозином, дипептаза «склонна» разделять соединения двух аминокислот только в дипептидах и т. д. Однако не следует абсолютизировать «целеустремленность» ферментов. Природа придала им больше гибкости, чем это кажется на первый взгляд. Одни ферменты ориентированы на проведение лишь некоторой определенной реакции, другие – на осуществление целого класса сходных реакций, адресованных разным соединениям.

В наши дни механизм ферментативных реакций изучен достаточно глубоко и разносторонне. В этой области биохимия приоткрыла человечеству одну из сокровенных тайн природы.

Ферменты заполняют все жизненное пространство живой клетки, весь живой организм. Неутомимые, не знающие «сна и отдыха», точные и исполнительные, они день и ночь неустанно работают – перевозят, дробят, режут, клеят, сшивают миллиарды молекул, чтобы ни на секунду не прекращался трудный и замечательный процесс жизни. Ученые открыли многих из этих невидимых «тружеников», узнали об их «специальностях», выполняемых ими работах и привлекли их для решения сложных проблем биотехнологии. Мы еще не раз вернемся в фантастический микромир, чтобы познакомиться с «героем» того или иного события, происходящего в недрах клетки...

Среди биологических наук молекулярная биология справедливо считается молодым направлением. Тем не менее за последние 15–20 лет здесь достигнуты крупные успехи и намечены грандиозные перспективы. Например, выявлены химическая природа вирусов и механика вирусной инфекции; объяснены поэтапно реакции биосинтеза белка; нарисована ясная картина работы наследственного аппарата клетки; стала понятной природа мутаций – скачкообразных наследственных изменений, которые лежат в основе эволюции живой материи. Сделан важнейший вывод: наследственность полной мерой обнаруживает себя в молекулярных клеточных процессах.

И здесь на первый план выдвинулись и попали в фокус пристального внимания ученых нуклеиновые кислоты, носители наследственной информации клеток и организмов, определяющие все превращения белков. Нуклеиновые кислоты были открыты швейцарским медиком Иоганом Фридрихом Мишером почти век тому назад. Сама же клеточная теория была широко известна еще раньше, примерно с 40-х годов прошлого столетия. Согласно ей организм любого человека, животного, растения составлен из огромного множества клеток, как из микроскопических кирпичиков. Жизнь организма – это жизнь клеток, которые размножаются, дифференцируются, работают.

Всякая клетка – в рамках распространенных современных аналогий – словно бы некий производственный комбинат со своим энергоснабжением, транспортом, конвейерными линиями, где происходит сборка жизненно важных узлов, агрегатов, конструкций. Причем такой комбинат благодаря размножению клеток самовоспроизводится через каждые 20–30 минут. Уникальная способность!

Строение клетки сложно по количеству составляющих ее элементов, но системное ее строение достаточно ясно. Ядро и цитоплазма – основные системы клетки, отгороженной от внешнего мира пористой, живой мембраной. Цитоплазма состоит из белковой основы, так называемой гиалоплазмы, где размещаются клеточные структурные элементы: ядро, митохондрии, рибосомы. У растений имеются еще и хлорофиллонесущие структуры – пластиды. Не зная всех этих деталей, И. Ф. Мишер в свое время обратил внимание в первую очередь на ядро клетки. Именно здесь он и обнаружил нуклеиновые кислоты.

Сейчас известны нуклеиновые кислоты двух типов, встречающиеся во всех клетках и у всех живых организмов: дезоксирибонуклеиновые (сокращенно ДНК) и рибонуклеиновые (РНК). Между собой эти кислоты отличаются по составу и строению, по местонахождению в клетке и, главное, по биохимической роли в жизни клетки, органа, организма и даже в популяции организмов. Так, если РНК в клетке встречается повсеместно – в хромосомах ядра, в митохондриях и рибосомах, в различных гранулах гиалоплазмы, то ДНК локализуется, а проще говоря, «живет и работает» преимущественно в клеточном ядре, где она как бы «прописана и трудоустроена». Однако в действительности, как показали исследования, у ряда клеток местонахождение ДНК фиксировано не только в их ядре.

Дело в том, что все многообразие клеток ныне принято разделять на два основных класса – эукариоты и прокариоты.

Эукариоты – истинные ядерные существа, имеющие оформленное ядро и хромосомы; они представлены одноклеточными и многоклеточными формами жизни (от простейших животных, одноклеточных дрожжей или водорослей до сложноорганизованных многоклеточных растений и животных). Название их происходит от греческого «эу» – истинный и «кариот» – орех, ядро ореха. В клетках эукариотов ДНК сконцентрирована в ядре, отделенном ядерной мембраной от цитоплазмы. Эукариоты, по эволюционным воззрениям, являются самой молодой формой жизни.

Прокариоты (доядерные) – бактерии, актиномицеты, синезеленые водоросли (цианобактерии) – древнейшие представители живой материи. Эти формы не имеют выраженного ядра, причем молекула ДНК у них не образует настоящую хромосому и в клетках не закреплена строго в одном месте, а погружена в раствор цитоплазмы. Кроме того, у прокариотов существуют небольшие молекулы ДНК, как правило, свернутые в колечки, получившие название плазмид или эписом. Они-то и определяют наследование важнейших признаков у бактерий и синезеленых водорослей.

В чем же сходства и отличия в строении ДНК и РНК? Обе эти нуклеиновые кислоты относятся к сложным органическим соединениям – биополимерам, которые образуются сочетанием многократно повторяющихся простых компонентов. Однако если при полном гидролизе ДНК образуются четыре азотистых основания (аденин, гуанин, цитозин, тимин), сахар дезоксирибоза и фосфорная кислота, то РНК дает те же продукты (вместо тимина – урацил), но сахар является уже рибозой, а не дезоксирибозой.

Основным структурным элементом нуклеиновых кислот назван нуклеотид, представляющий собой сочетание азотистого основания, сахара (рибозы или дезоксирибозы) и фосфорной кислоты. Отсюда появилось определение нуклеиновых кислот как полинуклеотидов, то есть продуктов полимеризации большего или меньшего числа нуклеотидов. Нуклеотиды в молекулах ДНК и РНК образуют длинные цепи и связываются между собой при помощи фосфорной кислоты.

Несмотря на единый план строения молекул ДНК у всех животных и растений, нуклеотидный состав их значительно изменяется в разных организмах за счет различных комбинаций, перестановок азотистых оснований в молекулярной цепи. Здесь возможности вариаций поистине бесконечны.

Впервые наследственные способности ДНК показали американские ученые О. Эвери, М. Мак-Карти и К. Мак-Леод в 1944 году. Они переносили ДНК от одного штамма бактерий к другому и получали новые признаки, характерные для того штамма, от которого была взята ДНК. Такая передача наследственных признаков не происходила только при нарушениях структуры молекул ДНК.

Естественно, встал вопрос: какова же эта структура, ответственная за трансформацию бактерий? Ответить на него удалось только в 1953 году, когда Джеймс Уотсон и Френсис Крик расшифровали структуру ДНК. Используя рентгеноструктурный и биохимический анализы, они создали модель макромолекулярной структуры ДНК. Эта работа ознаменовала рождение молекулярной биологии и заложила фундамент настоящей биологической революции, которая продолжается и поныне в каждом новом открытии в области молекулярной биологии, генетической инженерии, в биотехнологии.

Согласно разработанной учеными модели, структура ДНК представляет собой две спиралеобразные, «спаянные» водородными связями цепи полинуклеотидов, которые закручены правильными витками вокруг общей оси. Эти цепи идут параллельно друг другу и связаны вместе своими основаниями. Основание одной цепочки соединено слабыми (водородными) связями с основанием другой, образуя строго определенные пары: аденин – тимин, гуанин – цитозин. Поэтому последовательность расположения оснований в одной цепи определяет их порядок в другой: они, что называется, дополнительны, или комплементарны, друг другу. Эта особенность строения самых разнообразных ДНК подтверждена количественными анализами: количества аденина и тимина всегда равны, то же самое справедливо в отношении гуанина и цитозина.

Двухцепочная спиральная структура ДНК универсальна для всего органического мира (за исключением некоторых существ, характеризующихся паразитической формой существования).

При делении клеток, когда все клеточные элементы удваиваются, происходит и самоудвоение ДНК. Ее цепи, раскручиваясь и расходясь, создают новые дополнительные цепи из соединений, находящихся в цитоплазме. Под влиянием особого фермента – ДНК-полимеразы – каждая цепочка «подбирает» себе необходимые комплементарные части и соединяет их в правильном порядке. Так, из одной молекулы ДНК могут образоваться две новые, схожие как однояйцевые близнецы, молекулы. Это важнейшее свойство ДНК – создавать собственные копии из материалов цитоплазмы – позже было проверено и подтверждено в искусственных условиях.

В эти годы родилось представление о ДНК как о матрице, напоминающей элемент типографской машины, печатающей любым заданным тиражом нужные копии. И совершенно естественно тогда же воспринималась мысль о связи ДНК с наследственными явлениями в клетке, с биосинтезом белка. Но связь эта оказалась сложной и многоступенчатой.

ДНК выступает в роли программы, где в чередовании, в порядке расположения четырех азотистых оснований «записана» инструкция для определенных действий клеточных механизмов, работающих над созданием разного вида белковых молекул. Это, так сказать, главное управление строительством клеточных структур. Но ведь руководители строительства непосредственно в кладке кирпичей на объекте не участвуют. Они делают распоряжения, спускают план нижестоящим организациям, дают задания исполнителям на месте. Инженеры, прорабы, мастера, рабочие осуществляют замысел руководства. Нечто подобное происходит и в клеточных структурах.

В клетке генетическая информация от ДНК передается к месту, где происходит сборка белковых молекул, с помощью рибонуклеиновых кислот. Оказалось, что в синтезе белка, выполняя инструкции ДНК, участвуют три типа РНК: информационная, или матричная (иРНК), растворимая, или транспортная (тРНК), и рибосомная (рРНК). И взаимодействия между этими нуклеиновыми кислотами в процессе биосинтеза белка осуществляются посредством уже упомянутого нами принципа дополнительности: каждая новая цепочка как бы списывает (транскрибирует) информацию со своей предшественницы.

Информационная, матричная, РНК образуется непосредственно на цепи ДНК. Эта молекула выступает в роли руководства предприятия, напрямую получившего задание из министерства. Затем производственный план через инженеров, снабженцев и транспортников (растворимые РНК) доводится до мастеров и начальников участков (рибосомные РНК), которые уже на местах, в рибосомах, управляют конвейерной сборкой аминокислот в полипептидные цепи белковых молекул. Понятно, что такая аналогия условна, приблизительна и дает лишь очень огрубленное представление об истинной картине процессов биосинтеза белков внутри клетки.

Важно одно – на клеточном уровне существует генетический язык, пользующийся четырехбуквенным алфавитом. Этими буквами являются четыре нуклеотида нуклеиновых кислот, причем, комбинируясь по трое, они создают тот троичный код, с помощью которого подбираются для конструирования молекулы белка нужные аминокислоты. Каждая аминокислота, встраиваемая в белок, определяется комбинацией трех нуклеотидов. Иначе говоря, в зависимости от порядка чередования четырех нуклеотидов возникает тот или иной порядок чередования двадцати аминокислот в белковой молекуле, а следовательно, та или иная ее биологическая функция. Ведь свойства белка, как известно, зависят от его собственной структуры, в основном от первичной последовательности расположения аминокислот в белковой цепи.

После того как единая схема белкового биосинтеза (ДНК→РНК→белок) была в общем изучена, сразу же возник вопрос: а можно ли как-то повлиять на течение молекулярных процессов клетки? И хотя стало понятно, что живая природа, «разговаривая», повторяем, на языке, основанном на троичном коде с помощью четырехбуквенного алфавита, сумела создать все многообразие живых существ нашего мира, но оставалось неясным, как человеку вмешаться в ее речь и сказать свое веское слово.

Некоторое время молекулярные биологи чувствовали себя в положении сказочного Аладина: совсем рядом громоздились груды сокровищ, но вынести их из пещеры не удавалось, потому что никто не знал знаменитого заклинания «Сезам, отворись!». Но все-таки вскоре заветное слово было найдено, и произнесла его генетическая инженерия, ныне передовое, ударное направление биотехнологии.

Возникновение этой науки относят к 1972 году, когда в Стенфордском университете (США) Пол Берг и его сотрудники получили первые гибридные, их сейчас называют рекомбинантными, молекулы ДНК. Рекомбинация – это перераспределение генетического материала на основе обмена фрагментами ДНК, принадлежащих одному или разным видам. Были найдены методы и средства, способные выделить нужные участки из огромных молекул ДНК и затем собрать эти участки в новую единую структуру. Инструментами тут оказались предложенные самой природой ферменты, белки, содержащиеся в живых клетках. Одни из них – рестриктазы – рассекают молекулу ДНК в строго определенных местах, другие – лигазы – наоборот, сшивают полученные фрагменты в новую молекулу ДНК, несущую и новую информационную программу строительства белков.

Сегодня генетическую инженерию можно определить как систему экспериментальных приемов, позволяющих лабораторным путем создавать рекомбинантные (гибридные) молекулы ДНК. Такие приемы в принципе делают возможными любые сочетания фрагментов ДНК независимо от их происхождения, величины или строения. Причем образованная гибридная молекула способна «жить и работать» с равным успехом и в искусственных условиях, и в живой клетке – после соответствующей микрохирургической пересадки.

Сначала операции проводились на простейших организмах. Пол Берг первый инородный ген подсадил вирусу, который в своей ДНК имел только пять генов. Заметим, что в современном понимании ген –

это своеобразная неделимая в эксперименте единица исследования, участок молекулы ДНК. Сегодня существуют «генные машины», способные собрать фрагменты ДНК в единую молекулу за несколько часов. Составлены точные «карты» генов для многих нуклеиновых кислот. Руководствуясь такими картами, экспериментатор намечает и реализует целенаправленную перемену наследственных признаков; он проводит точно локализованную мутацию в пробирке, в пределах гена, выбранного в роли объекта исследования, и располагает возможностью перенести такую искусственную мутацию в живую клетку.

Новая техника управления механизмами наследственности недолго оставалась в стенах лабораторий и всего за десятилетие вышла на путь практических применений. Это обстоятельство объясняется, как считают специалисты, тем, что возникновение генетической инженерии не вызвало необходимости в какой-либо коренной перестройке уже существующих взглядов на природу наследственных процессов. Новая наука продолжила традиционные пути познания живой материи. Но вместе с тем на перекрестке научных и практических проблем генетическая инженерия появилась как бы внезапно, в блеске своих сказочных возможностей и захватывающих перспектив.

Конкретный, осязаемый вклад генетической инженерии в создание биотехнологии некоторые ученые относят к тому моменту, когда удалось передать подсолнечнику ген фасоли, контролирующий синтез определенного белка. Этим актом обозначилась новая эра в генетике растений. Полученный гибрид санбин оказался продуктом несовершенным, попросту говоря, это был шарообразный сгусток клеток, но именно данный факт знаменовал реальность перехода от лабораторных исследований к широкому производству, от науки к промышленности.

Биотехнология получила свой собственный, принципиально отличающий ее от других биологических направлений, метод исследований и разработала технику внедрения этих исследований в множество областей человеческой деятельности, и среди них таких важных, как сельское хозяйство, медицина, микробиологическая промышленность, энергетика, металлургия...

За рубежом биотехнологию, основанную на методах генетической инженерии, называют «индустрией ДНК». Это научно-промышленное направление использует в роли орудий производства рекомбинантные молекулы ДНК независимо от их происхождения, величины или строения. Методы генетической инженерии снимают межвидовые барьеры скрещивания, поставленные природой для сохранения вида в незыблемом постоянстве на протяжении миллионов лет эволюции. Древнее искусство селекции, заключавшееся прежде всего в напряженном долголетнем процессе искусственного отбора, разом шагнуло на тот уровень, где итог работы зависит главным образом от замысла экспериментатора, от намеченного им плана. Границы рукотворной природы безмерно расширились, вселяя большие надежды в умы и сердца участников этого революционного научного процесса. Пока, разумеется, главные свершения генной инженерии адресуются будущему. Но уже ее первые шаги подтверждают реальность таких надежд.

Уместно спросить, каковы же конкретные методы и средства современной молекулярной генетики, которые создают основу для подобной веры в ее грядущие успехи. Тут, пожалуй, достаточно вспомнить, например, о сложной и тонкой операции по выявлению нуклеиновых кислот в живых клетках.

Операция под кодовым названием «ДНК»

Отношения между исследователями и объектом изучения в данном случае складывались на манер воинской операции, хотя, конечно, уникальную молекулу вряд ли можно считать неким противником, разве что условным. Но так или иначе ДНК «выслеживалась» и «преследовалась» с помощью тончайших биохимических инструментов, «разоблачалась» рентгеноструктурным анализом, попадала «в плен» к ученым – выделялась в чистом виде.

С позиций генетической инженерии важнейшей особенностью прокариот является присутствие в их клетках плазмид – небольших, кольцевидных молекул ДНК. О них еще не раз зайдет речь, а сейчас отметим главное свойство этих полинуклеотидных колечек: они способны размножаться (реплицироваться) автономно, независимо от клеточного деления. Будто при главном конвейере завода существует специальный цех со своей программой работ, выпускающий продукцию особого назначения. С плазмидами, в частности, связана лекарственная устойчивость бактерий, их уникальная сопротивляемость антибиотикам, а также многие другие важнейшие особенности жизнедеятельности микроорганизмов.

Из сказанного ясно, что добывать ДНК из эукариот и прокариот неодинаково трудно, но и в том и другом случае этот процесс начинается с разрушения стенок клетки. Замораживанием ли с последующим оттаиванием, гидравлическим ударом, атакой ферментов – не суть важно, главное же, что ДНК из-под поврежденной оболочки переводят в раствор, откуда ее уже сравнительно легко извлечь в виде рыхлой белой массы.

В этом процессе особую роль играют всегда присутствующие в цитоплазме ферменты – нуклеазы. Дело в том, что клеточное «производство» ни секунды не терпит «молекулярных бездельников». Если какой-нибудь белок, будь он важнейший фермент, гормон или другой регулятор, не задействован в данный момент, протеолитические ферменты тотчас разбирают его на составные части, на аминокислоты. Есть такие «кусачие» ферменты и для нуклеиновых кислот. Это эндо- и экзонуклеазы. Первые расщепляют внутренние связи, вторые «откусывают» концы нуклеиновых кислот. Раньше считалось, что нуклеазы рвут нуклеиновую цепь где попало. С открытием рестрик-

таз, что можно считать началом индустрии ДНК, было установлено, что некоторые эндонуклеазы микробного происхождения отличаются поразительной специфичностью и, подобно ферментам, разрывающим полипептидную цепочку белка по четким правилам, разрезают ДНК в одних и тех же строго определенных местах. Сейчас таких рестриктаз известно уже более двухсот.

«Сшивать» образованные рестриктазами отрезки ДНК ученым помог другой всегда наличествующий в клетках фермент – лигаза. Он выполняет функцию своего рода «скорой помощи» для нуклеиновых кислот. В «стрессовых» ситуациях, например при действии жесткого гамма-излучения, нуклеиновые цепи распадались, разрушались, как дома при сильном землетрясении. Но тут на помощь приходила лигаза и из обломков заново отстраивала прежнее здание. Этот фермент и стал вторым важнейшим инструментом в руках генных инженеров, создателей рекомбинантных молекул.

Понятно, все эти тонкие и блестящие опыты биохимики проводили не для простой демонстрации своего экспериментального искусства. Итоговая практическая цель заключалась в том, чтобы наследственную программу ДНК использовать для производства нужных людям продуктов, белков, ферментов, гормонов и пр.

Из массы обрывков ДНК, из информационного хаоса предстояло отобрать фрагменты, несущие осмысленное сообщение, ту генетическую команду, подчиняясь которой живая клетка вырабатывает определенное химическое соединение. Нужно было добыть конкретный ген или набор генов, отвечающих за сборку на рибосомных конвейерах белков, запланированных исследователями. Ученые, использовав гель-фильтрацию, хроматографию, ультрацентрифугирование и другие методы, сумели справиться с задачей выделения отдельных генов в чистом виде.

Итак, повторяем, надо было проникнуть на командный пункт противника, извлечь из ворсха документов секретный план, дешифровать его, осмыслить полученную информацию, принять соответствующее решение. Словом, все как на войне. И накал страстей сродни воинскому: азарт атаки, горечь поражения, хмель победы. Отличие, правда, имелось, и существенное – никто не погиб и даже не был ранен в этих интеллектуальных штурмах...

После того как с помощью хитроумных биохимических методов ген был «отловлен», то есть выделен в чистом виде, возникла проблема его «одомашнивания». Попросту нужно было заставить ген работать по воле экспериментатора. Для этого ученым предстояло расшифровать структуру гена и тем самым понять записанную в нем генетическую команду. Тут требовалось прояснить последовательности А-Т (аденин-тимин) и Ц-Г (цитозин-гуанин). Молекулу ДНК разрезали рестриктазами на кусочки разных размеров, иногда отличающиеся между собой всего на один нуклеотид. Разделить их на фракции одина-

2–273

кового состава удалось с помощью метода электрофореза, хорошо известного в коллоидной химии. Высокая – до одного нуклеотида точность (например, от 10 до 11 или от 100 до 101) дает возможность выделить их и проанализировать. Если проверяемую ДНК пометить радиоактивным фосфором, то на фотопленке можно сразу получить картину распределения фрагментов в виде чередующихся темных полос разной интенсивности.

Наиболее крупных успехов в области расшифровки строения генов добился английский биохимик дважды лауреат Нобелевской премии Фредерик Сэнгер. Один из его способов выглядит примерно так. Сначала двойную спираль гена «расплетают», переводят его в одноцепочную форму. Затем пришивают на одном конце затравку – маленький кусочек ДНК, без которого дополняющее строительство на молекуле не начнется. В таком виде одноцепочная нить ДНК готова (при наличии соответствующего строительного материала и фермента) нарастить себе комплементарную цепочку. Сэнгер предложил все «строительные материалы» пометить радиоактивным фосфором, а вместо сахара дезоксирибозы «подсунуть» гену рибозу, которая быстрее разлагается под действием щелочей. Манипулируя растворами, где исследуемый ген должен был достраивать свою спиральку, биохимики разрывали цепочку на куски определенной длины с точно фиксируемым положением азотистых оснований: аденин – на 6-, 8-, 18- и 32-м месте, тимин – на 4-, 13-, 20- и 41-м. И так до тех пор, пока не выяснится вся последовательность нуклеотидов.

Затем появились и другие, более скоростные методы расшифровки строения генов. Запись команд на генетическом языке стала понятна ученым. И если первые из тех, что удалось прочитать, содержали несколько тысяч нуклеотидов, то сейчас ученые подобрались к «фразам», в которых больше 16 тысяч подобных букв-звеньев!

Таким образом, удалось взять важнейший рубеж в познании генетической информации. «Секретный план» противника был найден, расшифрован и лежал перед учеными как зримое доказательство могущества научной мысли и техники экспериментирования. Что дальше?

Допустим, в итоге всех ухищрений генетика-экспериментатора удалось получить нужный ген в чистом виде. Но как заставить его работать, выдавать продукцию – синтезировать белок, фермент или гормон?

Мы знаем, что «рабочее место» гена находится в клетке живого организма, в бактерии или вирусе, а точнее говоря, в геноме этих организмов. Естественное решение заключалось в том, чтобы внедрить выделенный ген в подходящую живую клетку и там активизировать его деятельность.

Природа (в который раз!) пришла на помощь ученым. Когда с помощью методов радиоавтографии и электронной микроскопии рассмотрели ненарушенные, то есть находящиеся в природном состоянии ДНК, обнаружили, что многие из них имеют кольцевую форму. Таково, например, большинство бактериальных хромосом. В той же бактериальной клетке присутствуют уже упоминавшиеся нами плазмиды. Это тоже кольцевые молекулы ДНК, но они во много раз меньше главной хромосомы. Плазмиды по целому ряду физико-химических свойств отличаются от хромосомной ДНК, благодаря чему и удалось выделить их в чистом виде. Важные особенности плазмид с позиций генетической инженерии заключаются в их способности самовоспроизводиться и осуществлять перенос генетической информации (транспорт генов).

Когда плазмида размножается, она образует повторяющиеся, продетые друг в друга кольца – нечто вроде цепочки из колец. Такие структуры называют катенанами. Катенаны разрываются, переводя кольцевые плазмиды в линейную форму. И если рядом находится большая хромосома бактерии, которая при воспроизведении тоже разрывается с образованием линейных участков, между ними может замкнуться связь: вездесущая лигаза «сожмет» обе молекулы в единое целое. Так образуется рекомбинантная нуклеиновая кислота – главный инструмент генетической инженерии.

Короче говоря, плазмиды бактерий могут включаться в хромосомную ДНК, и наоборот, участки большой ДНК способны встраиваться в плазмидные кольца. Состоявшийся таким образом обмен внутриклеточной информацией при размножении бактерии передается дочерним клеткам, которые в чем-то не будут походить на свою родительницу, так как у них будет другая хромосома и другие плазмиды. За счет такой внутриклеточной комбинаторики генов реализуется удивительная изменчивость бактерий, их мгновенная реакция на перемены во внешней среде, их выживаемость.

Кроме того, у плазмид была открыта способность переносить генетический материал от одной бактерии к другой путем конъюгации (то есть половым путем). Правда, это свойство присуще не всем, а только большим плазмидам, имеющим 20–24 тысячи пар азотистых оснований. Плазмиды, способные к транспорту генов, содержат особый фермент, деятельность которого выражается в создании на оболочке бактериальной клетки особых белковых трубчатых выростов – ворсинок или пилей. Они служат соединительными трубками, через которые осуществляется межклеточный перенос ДНК. Сначала одна из двух цепей молекулы ДНК плазмиды разрывается в так называемой точке переноса, затем переходит по пилю в цитоплазму другой бактерии и уже там самовоспроизводит себя. При удобном случае плазмидная ДНК может целиком включаться в состав бактериальной хромосомы новой клетки-хозяина.

Не правда ли, здесь многое от знакомого поведения вирусов и фагов? Последние также вводят через клеточную стенку бактерии кончик стержня отростка и «впрыскивают» содержащуюся в их головке ДНК внутрь клетки, а в результате идет интенсивное воспроизведение ДНК вируса из «подручных» материалов клетки. Есть мнение, что плазмиды – это бывшие фаги, которые бактерия «проглотила», не сумела «переварить», но и развития им не дала. В конце концов возникла своеобразная эволюционная форма мирного сосуществования, выгодного для обоих организмов.

Плазмиды наделены многими «талантами». Их «плодовитость» поразительна: путешествуя от бактерии к бактерии с огромной скоростью, они за короткое время могут заразить собой весь бактериальный штамм. К тому же, включившись в геном клетки-хозяина, присоединившись к хромосомной ДНК, плазмида в сотни раз увеличивает свою активность. Быстрее строятся пили, усиливаются контакты между клетками, дающими генетическую информацию (донорами) и принимающими ее (реципиентами).

Одновременно с передачей информации плазмиды сообщают клетке-реципиенту свои важнейшие особенности, например устойчивость к антибиотикам. Плазмиды, содержащие гены, которые обусловливают Р-фактор (от английского «резистентность» – сопротивляемость, устойчивость), были открыты в 1959 году в Японии. Применяя интенсивную химиотерапию против возбудителя дизентерии, японские

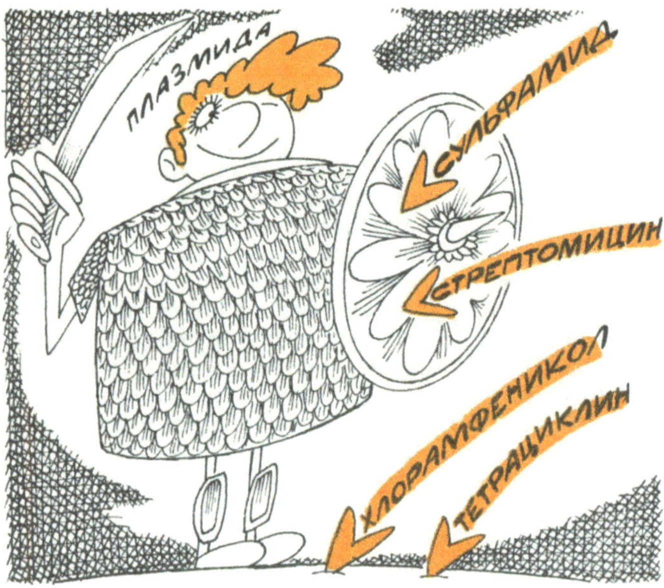

врачи внезапно для себя получили штамм бактерий, оказавшийся одинаково устойчивым ко всем четырем использованным лекарственным препаратам – сульфамиду, стрептомицину, хлорамфениколу и тетрациклину. Но тем дело не кончилось. Подобная устойчивость была выявлена и у других болезнетворных и безвредных бактерий, выделенных от больных. Ее быстрое распространение объясняется деятельностью плазмид, переносящих от бактерии к бактерии свои гены сопротивляемости. Это обстоятельство держит медиков в постоянном напряжении: даже побежденные инфекционные заболевания таят в себе угрозу в виде Р-факторов бактериальных плазмид.

Список удивительных способностей плазмид не ограничивается их умением противостоять антибиотикам. Они устойчивы к тяжелым металлам, вроде ртути и кадмия, и к ультрафиолетовому облучению. Они способны производить вещества, убивающие клетки данного вида. Они сами участвуют, прямо или косвенно, в биосинтезе некоторых антибиотиков, в том числе и тех, против которых работает их Р-фактор. Наконец, плазмиды помогают бактериям использовать в качестве продуктов питания необычные источники углерода, такие, скажем, как камфора, октан, октановый спирт. Это их свойство сейчас широко используется в биотехнологии.

Но для генетических инженеров главное в плазмидах заключено в их умении транспортировать гены.

Плазмиды могут быть векторами, то есть способными к самовоспроизводству структурами, которые могут присоединять к себе те или иные гены и переносить их в другие клетки. Как векторы, они очень привлекательны для исследователей, поскольку без затруднений включают ген в свое колечко ДНК, легко перебрасывают его в большую хромосому клетки-хозяина, а также передают соседним клеткам и при этом быстро – со скоростью одного деления в 20 минут – размножаются вместе с хозяйской клеткой. То есть создают клон клеток, содержащий одинаковый ген, клонируют гены.

Конечно, еще рано говорить о том, что ген покорился человеку. Генная инженерия находится в самом начале своего развития. Но под это новое направление уже заложена солидная научная база. Некоторые гены уже «приручены» и исправно несут свою службу на благо людей. Главное же в том, что отработан научный метод, в котором явственно просматриваются черты будущей биотехнологической промышленности. Как же ныне выглядит метод, позволивший ученым «приручить» ген? Его основной акт, напоминаем,– получение рекомбинантной ДНК. Тут важно подчеркнуть, что рекомбинантные ДНК созданы в искусственных условиях, чем и отличаются от всех прочих, образуемых мутациями, в процессах селекции, в опытах эмбриональной инженерии. Сущность метода заключается в направленном конструировании генома вне организма с последующим введением его в живой организм.

Человек, как известно, большой мастер по изобретению всякого рода протезов. Он довольно умело создает заменители конечностей, искусственные зубы, суставы, сосуды, синтетические клапаны сердца. Дошло дело и до «протезирования» наследственности, ведь рекомбинантные ДНК – своеобразные информационные протезы... Цель прикладной генетической инженерии – конструировать такие рекомбинантные ДНК, которые исправляли бы ошибки природы и возвращали организму здоровье.

«Сырьем», как правило, служит некая выделенная в свободном виде чужеродная ДНК. Из нее с помощью ферментов получают нужный генетический фрагмент, разрезая двойную спираль ДНК в определенных местах специализированными на такой операции рестриктазами. Некоторые рестриктазы рассекают ДНК на участках, состоящих из четырех – шести пар нуклеотидов, не посередине расщепляемой последовательности, а со сдвигом, «ступенькой». Такой «раскрой» приводит к образованию фрагментов с так называемыми липкими концами, то есть имеющими одноцепочные взаимно комплементарные участки длиной в четыре нуклеотида. При смешивании подобных осколков происходит их, как принято говорить, сшивание с участием фермента лигазы. Операция сшивания генов, или лигирование,– довольно обычная биохимическая реакция, осуществляемая ДНК-лигазой. Этот фермент присутствует во всех живых клетках, он соединяет фрагменты ДНК, образующиеся при ее удвоении, при делении клеток. Бывают, однако, случаи, когда липкие концы у осколков ДНК не образуются. Тогда их можно «дострочить», то есть пришить коротенькие комплементарные ниточки, которые склеиваются лигазой в одну цепь ДНК при смешивании таких фрагментов.

Когда же нужно соединить фрагменты, у которых липкие концы некомплементарны друг другу, применяют так называемые линкеры (или «переходники») – химически синтезированные короткие участки ДНК, имеющие разные липкие концы. Существуют большие наборы подобных связывающих гены линкеров. Часто они содержат в себе еще какой-либо участок ДНК, регулирующий движение генетической информации: начало или конец считывания, прикрепление к рибосомам и др. Возможно комбинирование фрагментов ДНК и по тупым концам, когда образуются двунитевые разрывы. Известны и линкеры типа тупой конец – липкий конец, а по надобности липкий можно превратить в тупой путем отщепления одноцепочного хвостика.

Набор генетических приемов и комбинаций получения чистых генов довольно обширен и дает хорошие результаты. Допустим, мы так или иначе получили ген, фрагмент ДНК, содержащий нужную нам генетическую информацию, согласно которой может быть произведен белок, например инсулин или какое-то антитело. Но если рекомбинантную ДНК просто так ввести в клетку, то она, будучи неспособна к самовоспроизведению, тут же погибнет под натиском местных эндонуклеаз. Чтобы выжить в клетке-хозяине, рекомбинантная ДНК должна либо встроиться в ее геном и снимать с себя копию за ее счет, либо быть вектором, то есть автономно размножаться независимо от ситуации в клетке. Такими векторами выступают обычно плазмиды, бактериофаги, вирусы животных.

У вектора несколько «физиологических» отличий: он обязан быть достаточно податливым и чувствительным, чтобы в него можно было встроить нужный ген; самостоятельно реплицироваться и иметь маркер – признак определенного изменения «внешности» или поведения клетки, в которую он проник. Для бактериальных векторов пользуются чаще всего геном устойчивости к антибиотикам. Конструирование векторов ученые называют процессом создания «молекулярно-генетических машин». А векторные плазмиды или векторные вирусы со встроенными чужеродными генами иногда именуют гибридными или химерными.

Векторов сейчас получено много... Однако ничто не ново под луной. Казалось бы, сколь оригинальный интересный и революционный ход научной мысли демонстрирует современная генетическая инженерия, когда она на клеточном уровне искусственно переносит информацию, но и у нее есть природные аналоги! Ведь уже миллионы лет почвенная бактерия агробактериум тумефациенс вводит свои гены в клетки растения и заставляет его синтезировать нужные ей для питания белки. В месте внедрения бактериального генома у растения возникает галл, что-то вроде злокачественной опухоли. Галл корневой шейки, или корончатый галл,– известное заболевание винограда, фруктовых деревьев, декоративных растений.

Переносчика бактериального гена в растения обнаружили в 1974 году. Им оказалась так называемая Ти-плазмида, которая и вызывает образование галла – по сути клона клеток опухоли, производящих в больших количествах необходимый бактериям белок. Понятно, ученые не могли обойти вниманием

Ти-плазмиду в агробактериум тумефациенс. Собственно, с ее изучения началась генетическая инженерия высших растений. Ти-плазмида и родственная ей Ри-плазмида из другой почвенной бактерии стали основой векторов, способных переносить чужеродную генетическую информацию в клетки растений.

Картина внедрения чужих генов в растительную клетку выглядит примерно так. Исходным пунктом служит маленькая рекомбинантная плазмида, удобная для клонирования в обычной кишечной палочке. В эту плазмиду вставляют транспозон – фрагмент ДНК, который может быть переносчиком генов. Тут же транспозон разрезают рестриктазой в том месте, куда внедряют «агента» – кусочек вводимой в растение чужеродной ДНК. Этот кусочек содержит, кроме засылаемого в растение гена, еще и генетический маркер – сопротивляемость кишечной палочки к антибиотикам. Эту маленькую комбинированную плазмиду клонируют в большой плазмиде с широким кругом хозяев и полученный промежуточный вектор вводят в бактерии агробактериум тумефациенс, содержащие Ти-плазмиды. Во время размножения бактерий случается двойная рекомбинация, в итоге которой чужеродный ген с маркером попадает в Ти-плазмиду. Отделить данный клон от других бактерий помогает маркер: в среде, где находятся антибиотики, выживают только бактерии с генами устойчивости к этим веществам.

Эти бактерии отбирают и вводят в клетку растения. Подобная растительная клетка, заполучив в результате трансформации в свой геном, допустим, чужеродный ген интерферона, должна начать, по замыслам ученых, синтезировать в своем организме это полезнейшее лекарство. Трудно даже представить, какие грандиозные перспективы способен открыть рассматриваемый метод. Ведь искусственно сконструированные и введенные в клетку-хозяина векторы-плазмиды, непрерывно делясь, дают клон работающих на биотехнологию генов, которые производят требуемую продукцию – будь то белок, гормон или антибиотик.

Подведем промежуточный итог нашему знакомству с процессом «приручения» генов. Грубо очерчивая сферу тончайших генетических манипуляций, мы различаем три главных направления. Итак, выделение гена из живой материи означает проникновение в святая святых природы и похищение у нее командной программы для биосинтеза белков, записанной на понятном для живых клеток языке молекул. Создание же и использование вектора-переносчика можно считать возвращением генов назад, в природу, в живую материю, но... уже со специальным заданием от человека – производить то, что нужно. Наконец, клонирование, помимо всего прочего, демонстрирует поразительные возможности «прирученных», поставленных на службу человеку генов. В самом деле, размножающиеся клетки непрерывно воспроизводят все новые и новые копии нужного нам гена в больших по меркам микробиологии (миллиграммовых) количествах, а затем, дублируясь, ген все время «работает», выдавая заданную продукцию. Например, когда ген, отвечающий за производство важного во всех отношениях фермента – лигазы, был выделен, скрещен с фагом Лямбда и в виде рекомбинантной молекулы помещен в бактериальную клетку, его производительность сразу увеличилась в 500 (!) раз.

Генетическая инженерия все увереннее заявляет о своем праве и умении управлять жизнедеятельностью живых организмов на благо людей, на пользу обществу. Ее путь только начат, и начат блестяще. Однако, как говорит академик Ю. А. Овчинников, «... не надо, конечно, думать, что генная инженерия будет открывать все двери, как волшебная палочка. Немало здесь есть и будет трудностей, однако очевидно и то, что эти трудности преодолимы».

Природа не скупится на трудности, особенно когда человек пытается проникнуть в ее самые сокровенные тайны. Например, давно известное различие между доядерными (прокариотами) и истинно ядерными (эукариотами) организмами заставило ученых немало поломать голову, прежде чем была открыта мозаичная структура некоторых геномов...

Косноязычие эукариот

У клеток с истинным ядром – эукариот – передача наследственной информации, оказалось, происходит совсем не так, как у бактерий. Ученые неожиданно столкнулись с их своеобразным «косноязычием».

Загадку исследователям задал обычный морской еж. Это животное – эукариот, в его клетках находится оформленное ядро, отгороженное от цитоплазмы ядерной мембраной. В таких клетках списывание наследственной программы с ДНК осуществляется в ядре, и в зависимости от того, какая часть генома работает, образуется либо матричная – иРНК, либо транспортная – тРНК. Генетики заметили, что морской еж на стадии гаструлы «списывает» в ядре примерно треть всего «текста» ДНК. Соответственно должно было бы образоваться равноценное количество синтезированной РНК, но в цитоплазме ее обнаружилось лишь 6,7 процента. Куда девалась остальная «начитанная» РНК? По-видимому, решили ученые, она осталась в ядре и была уничтожена эндонуклеазами. Напрашивалась мысль, что после транскрипции срабатывал какой-то контролирующий механизм, следящий за этими молекулами РНК.

Манипуляции с генами, выделенными из грибов, растений и животных, показали, что гены эукариот хорошо встраиваются в плазмиды, активно размножаются, но вот «трудиться» на новом месте не хотят: не синтезируют привычный белок в клетках бактерий, куда их пересадили. У эукариот, похоже, происходит какое-то изменение наследственной информации по пути ДНК→иРНК→тРНК. Вскоре выяснилось, что информационных потерь нет, но «эукариотический язык» действительно иной, чем у прокариот (бактерий и синезеленых водорослей). Так была открыта сложная мозаичная структура гена эукариот.

В чем же ее отличие от строения генов прокариот?

Вспомним, что та или иная информационная запись в ДНК – это в переносном смысле воинская команда для определенного действия. Здесь своеобразное «слово-дело», поскольку процесс считывания генетического кода является одновременно процессом его осуществления, реализацией «приказа», отданного ДНК. Так и происходит у прокариот: на первом этапе – транскрипция, переписывание «распоряжений» ДНК в виде отдельных информационных (иРНК), затем трансляция, передача информации от иРНК к транспортной (тРНК), затем, уже в рибосомах, к белку. Следовательно, у прокариот сохраняется ставшая классической последовательность процессов:

$$\text{ДНК} \xrightarrow{\text{транскрипция}} \text{РНК} \xrightarrow{\text{трансляция}} \text{полипептид (белок}$$

экспрессия

Всю эту цепочку целиком называют экспрессией (выражением) генетической информации, заложенной в клетке. Так вот, «экспрессивность» эукариот и прокариот оказалась существенно различной на первой стадии, то есть там, где передача информации идет между нуклеотидными цепочками ДНК и РНК. В то же время процесс трансляции, когда происходит перевод с нуклеотидного языка РНК на аминокислотный белка, и у тех и других близок по своей природе, что позволяет, например, информационной РНК, полученной из клетки животного и помещенной в бактерию, связываться с местными рибосомами и командовать строительством белковых молекул.

Отличие между эукариотами и бактериями на первом этапе экспрессии гена объясняется особым строением ядерных ДНК. У животных и высших растений геном организован по цистронному принципу. Что это значит? Цистрон – единица транскрипции, а проще говоря, фраза команды, кусочек сообщения, представленный несколькими или одним геном, для которого обозначено начало и конец считывания. Эти регуляторные части гена – промотор и терминатор – сами по себе не считываются, а лишь организуют правильный и своевременный синтез иРНК на цепи ДНК. Промотор расположен перед началом кодирующей части гена и служит как бы включателем записи, а замыкающий тот же участок терминатор – выключателем. Та часть цистрона, которая переписывается сначала в последовательности иРНК, а затем в рибосомах и транслируется в полипептидную цепочку, получила название экзона (выразитель, указчик). Собственно говоря, из таких экзонов, командиров-указчиков и составлена вся ДНК прокариот.

Но у ядерных клеток экзоны чередуются с участками, ничего не выражающими и никем не командующими,– интронами. Причем такие «молчащие» части ДНК могут быть во много раз больше самого гена. Отсюда мозаичность строения генома эукариот: экзоны разбросаны среди интронов, команды сменяются затяжным молчанием...

Понятно, что в этих условиях процесс считывания информации ядерной ДНК эукариот оказался сложным: вначале переписывается весь ген в форме иРНК – предшественника (про-иРНК), а потом из нее с помощью специальных ферментов – нуклеаз вырезаются участки, соответствующие интронам. Оставшиеся части про-иРНК, представляющие собой в основном экзоны, сшиваются РНК-лигазой в молекулу зрелой иРНК, которая и определяет биосинтез белка в рибосомах.

Весь этот очень сложный процесс с перекраиванием интронов и экзонов, названный сплайсингом, практически отменил бытовавшее еще недавно у генетических инженеров представление о линейном соответствии гена и полипептида.

Стало ясно, почему гены эукариот не могут правильно работать в клетках бактерий,– мешают интроны. Бактериальная клетка не имеет механизмов «узнавания» интронов, и, если даже такой «неправильный» белок воспроизводится ею, он мало напоминает своего «родственника», воссозданного в эукариотической клетке. Однако интроны, как выяснилось, вовсе не только балласт в процессе выражения гена. Опыты показали, что их мутации все-таки сказываются на биосинтезе белка и могут либо остановить его, либо синтезировать продукт с измененными свойствами. В присутствии интронов бактериальные клетки охотно воспроизводят эукариотический ген, но отказываются от дальнейшего – от синтеза нужного белка.

Как все-таки заставить прокариоты работать по приказу, полученному от эукариот? Способ один: отдать правильную, воспринимаемую бактерией команду на ее языке. Для этого нужет «командир» – ДНК с понятным клетке расположением экзонов. Но в эукариотической клетке ДНК «изъясняется» на непонятном бактериям языке, как бы перебивая осмысленные звуки затемняющим суть бормотанием. Например, слово «ядро» в эукариотическом произношении могло бы, по-видимому, звучать так: а..**я**..у..о..с..**д**..и..н..п..л..**р**..к..**о**... Где же в клетке правильно записано это слово? Конечно же на информационной – иРНК, которая возникла после сплайсинга, когда «умные» эндонуклеазы вырезали и отброси-

ли «молчащие» интроны, составив понятие «ядро» из оставшихся экзонов.

Вот если бы теперь перевести с РНК это слово обратно на ДНК, проблема была бы решена! И с ней, действительно, удалось справиться после открытия фермента ревертазы, или обратной транскриптазы. Данный фермент оказался способным осуществить обратный синтез ДНК на матрице РНК, в отличие от обычного канонического пути ДНК→РНК. А саму ревертазу выделили из вирусов, вызывающих раковые заболевания.

Получив в руки такой фермент, генетические инженеры сразу во многих лабораториях мира освоили перевод эукариотических команд на язык прокариот. Для этого на цепи матричной (иРНК), составленной, как мы помним, из экзонов, с помощью ревертазы синтезируется однонитчатая копия (кДНК), которая потом удваивается ДНК-полимеразой. Образовавшаяся двойная спираль ДНК уже пригодна для встройки в вектор и внедрения в бактерию, где она будет правильно «понята» и все команды ее будут неукоснительно исполнены...

Метод обратной транскриптазы открыл двери синтезу многих важных генов, например глобинов (белковая часть гемоглобина) и человеческого гормона – соматостатина.

Особое место занимают работы генетических инженеров по прямому химическому синтезу генов. После того как были получены карты некоторых генов и расшифрованы их нуклеотидные последовательности, к работе приступили химики-синтетики. Но она оказалась очень трудной, долгой, да и дорогой. Все же к 1976 году удалось создать искусственный ген тирозиновой (транспортной) тРНК кишечной палочки. Этот синтетический ген, как и природный, состоял из промотора, собственно гена и терминатора, всего длиной в 207 нуклеотидных звеньев.

Синтезированные химическим путем гены нашли применение при создании белков крохотного размера (чем короче, тем легче и дешевле его синтез). Минигены производят небольшие белки, обладающие высокой физиологической активностью. В нашей стране синтезированы, например, мини-белки ангиотензин и брадикинин, которые регулируют кровяное давление, в США получен ген человеческого инсулина.

Несмотря на трудности, дороговизну и длительность химического синтеза «фраз и команд» на языке эукариотов, работы химиков-синтетиков не прекращаются. Одно из оснований их упорных усилий: вырваться из зависимости от наработанного эволюцией генетического материала. В конце концов, исследователь может создать ген с такой комбинацией нуклеотидов, которая никогда в природе не встречалась. А значит, могут быть получены ферменты и гормоны, белки и стероиды с необычайными, неожиданными свойствами. Какими же именно? Сегодня это еще неизвестно, сегодня человек по-прежнему продолжает учиться этому странному языку эукариот, прокариот, языку живой природы.

Гены-непоседы

До сих пор мы говорили о генах как о носителях постоянства наследственных признаков. Вспомним законы Грегора Менделя и открытые им факторы, определяющие устойчивость наследования особенностей живого организма. Это свойство связывалось не только с неизменностью самого гена, но и со строго определенным его положением в хромосоме. И до 70-х годов нашего века стабильность геномов организмов не подвергалась сомнению.

Правда, имелись сведения, которые наталкивали на новые идеи в данной области. Еще в начале века Р. Эмерсон наблюдал удивительно переменчивую окраску зерен кукурузы. За время созревания оранжево-красный пигмент в их поверхностном слое несколько раз менялся, делая зерна полосатыми. Значит, с геном, контролирующим появление пигмента, что-то происходило. В 30-х годах М. Роадс установил, что деятельность мутировавшего гена зависит от присутствия другого гена, который, как позже показала Б. Мак-Клинток, может двигаться вдоль хромосомы и передаваться по наследству. Так были обнаружены мобильные диспергированные гены (мдг), в просторечии – прыгающие гены.

Подобный ген – это участок ДНК, способный перемещаться с места на место в геноме организма. Он «выпрыгивает» из одной последовательности нуклеотидов и внедряется в другую, производя заметные внешние перемены в признаках организма, которые могут в ряде случаев передаваться потомкам. И особенно богатой прыгающими генами оказалась муха дрозофила, чьи хромосомы буквально испещрены такими мобильными элементами. Возникло предположение, что именно через них, благодаря их влиянию на другие гены, осуществляется важный эволюционный механизм.

А как же быть с постоянством менделевского «наследственного фактора»! Не пора ли сдавать в архив карты генов и их сцеплений и не рушится ли все то, что накоплено генетикой за долгие десятилетия упорных трудов? Нет, завоеванное знание остается в силе: большинство генов действительно надежно закреплено на своих местах в хромосомах. Но некоторые из них перемещаются. Эти некоторые и есть гены-непоседы.

В настоящее время выделено шесть, а всего существует около 20 семейств прыгающих генов. Почему их объединяют в семейства? Да потому, что они представлены десятками копий одного гена из разных линий. Количество членов в каждом семействе одна-две сотни, что составляет около 5 процентов всего генетического материала, например, мухи дрозофилы. А вообще прыгающие гены довольно широко распространены в природе, они обнаружены не только у дрозофилы, но и, скажем, у дрожжей, у млекопитающих.

Классическое исследование Б. Мак-Клинток показало, что прыгающие гены иногда работают в паре – активный и зависимый от него ген. Изучая свойства разорванных хромосом у кукурузы, она установила мозаичность окраски потомства таких растений. Изменения в окраске возникают в зависимости от того, встраивается ли в данный участок хромосомы или выпадает из него прыгающий ген. Наиболее эффективно его влияние во время деления клетки, когда происходит самоудвоение, репликация хромосом.

Мелкие подвижные элементы хромосом – транспозоны – были обнаружены и у бактерий. Это на них, как пассажиры, путешествуют из клетки в клетку, например, гены устойчивости к антибиотикам бактериальных плазмид.

Транспозоны, служащие переносчиками прыгающих генов, действуют с определенной частотой, которая влияет на функционирование гена. Так, если частота переноса высока на ранней стадии развития зерна, то на его поверхности образуются крупные пигментные пятна. Чем ниже частота транспозиции и чем позже она проявляется, тем меньше количество и размеры окрашенных пятен на поверхности.

Перемещающимся генетическим элементам отводится значительная роль в процессе эволюции. Ведь они способны влиять на изменение структуры отдельных генов и геномов. Активизируясь при стрессовых воздействиях на геном, когда рвутся хромосомы, прыгающие гены способны производить мутации и хромосомные перестройки. Они служат своеобразным резонатором, усилителем испытываемого клеткой потрясения. Такая бурная генетическая «самодеятельность» становится важным источником изменчивости – основы, на которой возведено здание естественного отбора.

Есть данные, что транспозоны и прыгающие гены могут включать и выключать другие гены и усиливать их экспрессию, то есть дополнительно влиять на реализацию наследственной программы в организме. В частности, им приписывают свойственную генам, синтезирующим антитела у животных, способность перестраиваться при появлении нового антигена.

Сложнейший процесс обмена генетической информацией происходит внутри клетки, потому-то так важно знать строение и свойства этой единицы жизни, уникального «кирпичика», из которого построены организмы.

Единицы жизни

Сегодня благодаря электронной микроскопии внутреннее строение клеток изучено достаточно детально, вплоть до их мельчайших структурных элементов. Напомним, что от внешней среды клетка отделена трехслойной плазматической мембраной. Внутри клетки различают ядро и цитоплазму. Ядро тоже заключено в пористый мешочек – трехслойную ядерную мембрану. Бесцветная вязкая жидкость, в которой находится ядро и другие составляющие элементы, занимает основной объем клетки. Цитоплазма неоднородна, она пронизана лабиринтом сообщающихся между собой канальцев и пузырьков, соединенных с наружной мембраной. Этот лабиринт ограниченных мембраной замысловатых ходов, полостей, микроскопических «пещер» называют эндоплазматической сетью. Она бывает двух видов: гранулярная, у которой поверхность канальцев и цистерн усеяна зернами-гранулами, и агранулярная, то есть гладкая.

Эндоплазматическую сеть можно представить себе в виде заводской территории, где происходит биосинтез органических веществ, их транспортировка, складирование, ввоз «сырья», вывоз «продукции». Оживленная там царит атмосфера! Отдельные этапы биосинтеза осуществляются в своеобразных специализированных цехах и комплексах. Например, расположенный возле ядра так называемый комплекс Гольджи участвует в синтезе углеводов; в роли заводской ТЭЦ выступают митохондрии, без огня и дыма «сжигающие» питательные вещества; в рибосомах идет «сборка» молекул белка...

Клетка – микроскопический организм со всеми ярко выраженными соответствующими признаками. Она двигается, дышит, ест, растет, размножается, реагирует на перемены в окружающей среде, словом, ведет себя подобно большим организмам в макромире животных и растений. Но индивидуальные качества клетки обнаруживаются, когда она выделена на свободу из толпы своих собратьев по специализированной ткани, например мышечной, нервной или костной.

Еще со времен великого Луи Пастера ученые умели выращивать (культивировать) отдельные виды микроорганизмов на особых питательных средах. «Жизнь в пробирке» была освоена биологами и медиками давно. Неподражаемым изяществом отмечены опыты по подбору специфических сред выдающегося микробиолога Роберта Коха, открывшего туберкулезную палочку. Виртуозные манипуляции с составом среды, этой «почвы», на которой могут жить и развиваться микробы, позволили немецкому врачу получить чистые, то есть состоящие из клеток только одного типа, культуры. В наши дни получение чистых культур одноклеточных организмов, как говорится, не составляет проблемы. Успевай только «пересеивать» микробов со среды на среду, и в итоге подобной «посевной кампании» получится нужный вид организмов, чистая культура: на студенистой массе агар-агарового желе зацветут похожие на диковинные соцветия желтоватые, зеленые, блеклые колонии микроорганизмов...

Оказалось, однако, что не просто применить разработанную для микробов методику к соматическим клеткам организма. Прежде всего трудно было извлечь из ткани отдельную клетку. Удавалось выделить в лучшем случае кусочек живой материи, состоящий из сотен и тысяч крепко спаянных «кирпичиков». Расти такая колония могла лишь в кровяной плазме или эмбриональном экстракте. И то недолго.

Американский биолог Гаррисон работал с нервными клетками, полученными от головастика. Средой был выбран эмбриональный сок лягушки, благодаря чему обстановка для клеток была подобрана самая родственная по происхождению. И выделенные из организма клетки ожили – они росли и развивались. Успех! Пусть краток был срок их жизни, успех Гаррисона примечателен, тем более что получен был на примере нервных клеток, которые и в организме-то не склонны к размножению.

Методика работы Гаррисона не отличалась особой новизной. Все было как при микробиологическом исследовании: на стеклышко ученый наносил каплю среды, в нее помещал исследуемый кусочек ткани, сверху каплю, чтоб не смазывалась, накрывал стеклом с вышлифованной лункой и края плотно сжатых стекол заливал парафином. Гаррисон боялся проникновения чужих микробов в обнаженную, а потому и беззащитную ткань организма.

Как интересно развивается наука! Простой прием, удачный примитивный инструментарий со временем превращается в целый арсенал методов и средств исследования. Но дело стоит того, ведь, скажем, в обычный и электронный микроскопы можно увидеть несоизмеримо разные вещи. Так и смазанные парафином края стекол в опыте Гаррисона, предохраняющие от вторжения микроскопических врагов, позже обернулись у американского врача А. Карреля стерильным, идеально чистым «боксом». По усилиям – награда. Культуры тканей и клеток у Карреля выживали в течение длительного времени. Клетки из сердца зародыша цыпленка здравствовали 30 лет! Это намного превосходит среднюю продолжительность жизни курицы.

Процесс культивирования тканей и клеток сложный, капризный. Размножавшиеся клетки требовали подкормки, постоянных пересадок на новые среды в стерильных условиях, иначе им грозила гибель. Особенно много хлопот было с клетками, взятыми от растений, поскольку связи между ними куда прочнее, чем между клетками животных, и выделить растительную клетку с неповрежденными стенками – нелегкая задача, которую долго не удавалось решить. Вообще же, если при изучении клетки от электронного микроскопа перейти к обычному, структурные элементы клетки исчезают, как бы тонут в цитоплазме, и можно увидеть лишь клетку в целом, отдельную особь, отмеченную своеобразием поведения, особенными индивидуальными чертами.

Ученые научились разъединять клетки тканей, используя протеолитический фермент трипсин. Обработанный им кусочек животной ткани превращается в кашицу, состоящую из отдельных клеток. Фермент разрушает межклеточные белковые связи. Из такой массы уже нетрудно извлечь одиночную клетку, поместить в нужные среды и наблюдать за ее поведением. Но отдельная клетка долго упрямилась, никак не желала обходиться без коллектива. Такое поведение клетки казалось исследователям подозрительным: с чего бы ей не пожить одной в хороших условиях, при даровом питании? Ученые искали и доискались: клетка, оказывается, «протекала», из нее в среду уходили какие-то очень важные для роста вещества. Не могла удержать их мембрана изолированной клетки, лишенной родственной поддержки. Одиночка погибала. Тогда экспериментаторы придумали перекрестное питание: к клетке-узнице подсаживали нескольких «подружек». Придумали также «каплюкамеру», где клетка могла выживать в питательной среде малого объема.

... Одиночная клетка – тот же Робинзон Крузо. На необитаемом острове ему, помнится, пришлось научиться многим ремеслам, о которых раньше знал

только понаслышке. Так и клетка, оказавшись в одиночестве, приобретала новые «профессии», но вместе с тем сохраняла отличную генетическую память: живая сама по себе, она не забывала свою родословную. Если это была клетка печени, то она выделяла свой главный продукт – жидкость, содержащую белок альбумин. Клетки желез производили те же гормоны, что и раньше в тканях живого организма. Клетки гипофиза выделяли гормон роста. И так далее. Однако, помня о своем происхождении, клетки приспосабливались, шли путем Робинзона, становились мастерами на все руки, меняя «специальность» в зависимости от обстоятельств, условий среды, питания.

Здесь таился могучий источник возможностей управления развитием клеток, и ученые не преминули его использовать. Они научились выращивать отдельные ткани. Сначала – в один слой. Как это делается? Мы знаем, что одинокая клетка быстро гибнет без родственного окружения, без коллективных стимуляторов, главным образом из-за потери, диффузии во внешнюю среду питательных веществ. Поэтому «первичную» клетку, предназначенную для получения однородной ткани, наносили на слой стерильных клеток. Подвергнутые рентгеновскому облучению, они не могли делиться и тем самым мешать размножению нужной исследователю клетки, но, служа источником питания, поддерживали развитие исходной культуры. Так были созданы тканевые культуры, способные неопределенно долго существовать в пробирке, в колбе, на стекле.

... Наверное, многие видели на деревьях, кустарниках характерные бесформенные наплывы и наросты, возникающие обычно в местах ранений и повреждений. Это каллус (по-латински – мозоль), разросшаяся соединительная ткань растений. Каллусные клетки оказались удобным материалом при создании свободной растительной ткани. В определенных условиях они по воле экспериментатора становились клетками листьев, корней или стеблей. В них, как и в других активно растущих частях растений (меристемах), содержится поддающийся регулировке план развития растения, его проект, и ученые вносят в этот проект нужные поправки.

Из животных тканей (например, мыши, хомячка) были созданы многолетние «клеточные линии». Куда сложнее обстоит дело с соматическими клетками человека. Они не желают размножаться на свободе, «робинзонада» им не по вкусу. Зато раковые клетки легко пускаются «в свободное плаванье». Уже свыше пятидесяти лет живут «в стекле» клетки раковой опухоли давно умершей женщины. Культура этой ткани Хе-Ла, много раз пересаженная и размноженная, известна и используется практически во всех лабораториях мира, занимающихся проблемами тканевых культур.

Вообще, раковые клетки представляют собой удивительное явление. Они не похожи на обычные, не проявляют черт «специализации», не способны к упорядоченному развитию. В микроскоп видно, как они громоздятся друг на друге, жадно и неразборчиво поглощая питательные вещества, и образуют в жидкой среде большие объемы животной ткани. Глядя на такой безобразный, но полный внутренней силы сгусток, состоящий из анархических одноклеточных особей, невольно восклицаешь: пираты, да и только! Здесь нет места умной «робинзонаде», где каждый поступок выверяется накопленным знанием, прошлым опытом. Но с этими оголтелыми в своем неистовом росте оборотнями наука наших дней борется все успешнее, о чем мы еще поговорим.

Наиболее ярким достижением в области тканевых культур явилось создание клонов. Так называют группу схожих клеток, происходящих от одной – материнской. Они в чистом виде наследуют свойства исходной ткани. Клонированные клетки способны синтезировать те же гормоны, алкалоиды и стероиды, которые они производили, находясь в материнском организме. Но сохранить чистоту клона, удержать его однородность на протяжении времени чрезвычайно трудно. Например, при клонировании растительных клеток каллусная ткань, разрастаясь, стано-

вится генетически неоднородной, у нее увеличивается число хромосом, меняется их структура.

Как правило, хромосомы в живых клетках существуют в одинарном наборе – гаплоиды у половых клеток (гамет) или в двойном – диплоиды у соматических. Однако нередко возникают клетки с повышенным числом хромосом. Если это число кратно исходному набору, перед нами явление, называемое полиплоидией, если же не кратно – анеуплоидией. Так, в раковых клетках культуры Хе-Ла содержится 73 хромосомы вместо обычных нормальных 46. Это типичный пример анеуплоидии. С ростом числа хромосом в клеточных ядрах связывают появление у клеток новых свойств и особенностей. Поли- и анеуплоидия встречаются и у растительных тканевых культур. Каллусные клетки некоторых растений через два года выращивания уже на 95 процентов были полиплоидными, число хромосомных наборов в них увеличилось в 8 раз, а значит, изменялся сам генотип растения, его наследственный багаж.

Одно время ученые думали, что клетки приобретают способность расти в культуре только после того, как в результате мутаций становятся похожими на раковые. Но это предположение оказалось ошибочным: развитие клеток зависело от тех конечных плотностей, до которых их выращивали. Когда клеткам тесно, они приобретают некоторые измененные свойства, в противном случае образуется нормальный клеточный монослой.

А вот перемены в числе хромосом у клеточных культур сегодня объясняют несколькими причинами. Основной биологи считают спонтанный, «стихийный» мутагенез. Мутации, то есть скачкообразные наследуемые изменения в свойствах организма, происходят очень часто. Хрупкие живые молекулы непрерывно подвергаются разнообразным травмирующим воздействиям: то резкому температурному перепаду, то влиянию электромагнитных полей или ядовитых веществ, то жесткому излучению. Природа словно бы испытывает их на прочность, и это не проходит бесследно. Клетка с одним «сломанным» геном – это уже совсем другая клетка в сопоставлении со своими соседками по культуре ткани. Возможно, полиплоидные клетки и появляются как реакция живого организма на грубое вмешательство в его внутреннюю жизнь...

Впрочем, полиплоидные клетки, как и раковые, необычайно жизнеспособны, что позволяет каллусным тканям быстро приспосабливаться к новым условиям и весьма продолжительное время существовать в искусственных условиях, вне материнского организма. Долголетние работы с клеточными тканями как ручейки влились в свежее русло биотехнологии, наполнив его новыми открытиями и достижениями. Попросту говоря, без познания закономерностей и особенностей жизнедеятельности свободной клетки невозможно представить себе современную генную инженерию. На свободных клетках, на тканевых культурах ученые исследуют действие генетической программы организма, регуляцию обмена веществ, влияние разных факторов на осуществление наследственной программы.

Свободная клетка – модель и лаборатория. «Сегодня на ней, – пишет член-корреспондент АН СССР Р. Г. Бутенко, – отрабатывают, проверяют свои оригинальные идеи современные биотехнологи, а завтра клетка обещает революционизировать практическую генетику и селекцию сельскохозяйственных растений».

В наши дни известны искусственно выращиваемые ткани целого ряда растений – женьшень, лимон, табак, ель... В частности, настойка женьшеня, полученная из культуры клеток, уже выпускается нашей промышленностью. На очереди – многие ценнейшие вещества, гормоны, витамины, алкалоиды, пригодные для использования в медицине, животноводстве, земледелии, иных сферах.

Рукотворные химеры

Скрещивание и отбор – два могучих, можно сказать, классических рычага сельскохозяйственной селекции. Ведь человек с незапамятных времен занимался выведением новых сортов растений и пород животных. Но сегодня в распоряжении ученых и специалистов принципиально иные возможности осуществления процесса скрещивания живых организмов. Ныне в их руках методы и средства клеточной инженерии.

Биотехнологи уделяют большое внимание так называемой соматической неполовой гибридизации. Суть ее заключается в том, что в результате определенных манипуляций два ядра (а иногда и больше) разного происхождения оказываются в одной клетке и дальше развиваются как единый новый организм. Соматические гибриды называются гибридомами, если одна из клеток опухолевая. Скрещивание соматических клеток ведут в несколько стадий. Сначала их «раздевают», обрабатывая специальными ферментами, которые разрушают внешнюю оболочку. Образуется протопласт, обнаженная клетка. Через некоторое время протопласт вновь «одевает» себя, используя растворенные в среде вещества. Но пока он обнажен, ученые успевают слить изолированные клетки в новую, гибридную. Причем сливаются и ядра, и цитоплазма.

Возможности такого метода гибридизации поистине безграничны. Кого с кем только не скрещивают генетики! Совершенно различные растения друг с другом, отдаленные виды животных, наконец, растительные клетки с животными (ну, например, муху с табаком). Разумеется, соединяются протопласты, а не живые организмы. Важно, что даже такие экзотические гибриды не гибнут сразу же, а

3-273

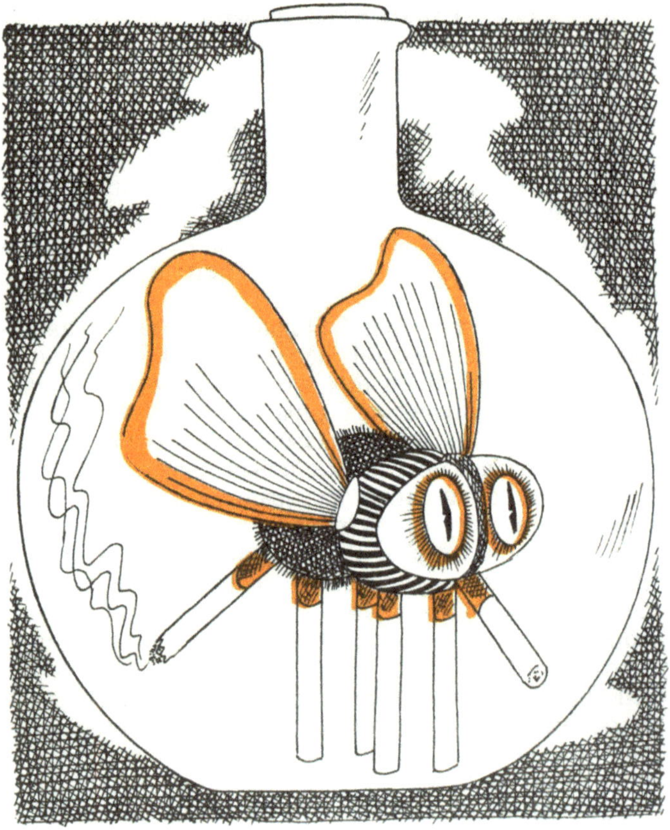

сохраняют некоторое время признаки жизнедеятельности.

Протопласты растений, как показали опыты, сливаются довольно легко, причем некоторые развиваются в целую особь, подобно соматическому гибриду дикого и культурного картофеля. Вполне нормальные гибриды созданы с помощью протопластов из моркови, табака, петунии, дурмана. Это здоровые растения, способные к дальнейшему размножению. О практических успехах в этой области свидетельствует тот факт, что ученым уже удалось объединить между собой клетки ржи и пшеницы, пшеницы и ячменя, пшеницы и диких растений. И не только объединить, но и в ряде случаев получить из гибридных форм настоящие растения! Словом, число созданных таким образом гибридов множится, и от них ожидают новых, существенно улучшенных показателей урожайности, качества продукции, невосприимчивости к заболеваниям, стойкости к влияниям окружающей среды.

Как известно, овладеть каким-либо процессом – значит уметь им управлять. Протопласты в этом отношении – благодарный материал. Обнаженные клетки способны поглощать, впитывать самые разные микроорганизмы и вещества, в том числе бактерии, вирусы, молекулы нуклеиновых кислот, ферменты, что предопределяет возможность влиять на развитие растения, меняя его наследственную программу в нужном, заранее заданном направлении. Тем самым уже сегодня закладываются основы конструирования растений будущего...

Процесс слияния у животных соматических клеток протекает несколько проще, чем у растительных. Если клеточные мембраны обработаны таким способом, который приводит к их слипанию, то в итоге образуется гетерокарион – клетка, содержащая два разных ядра. На гетерокарионах исследуют многие проблемы развития животных организмов. Например, несовместимость при скрещивании далеких видов, которая связана с потерей отцовских хромосом, или остановку и гибель зародышей.

Гетерокарионы, полученные путем соматической

гибридизации, способны размножаться, образуя две одноядерные клетки. Дочерние клетки, содержащие хромосомы обоих «родителей», продолжают делиться, создавая клоны соматических гибридов. При скрещивании отдаленных видов в ходе деления часть хромосом одного вида утрачивается и возникают клоны клеток с преобладающим содержанием хромосом другого вида.

Это явление преобладания хорошо изучено на примерах соматической гибридизации клеток различных животных организмов. Оказывается, в гибридной клетке идет борьба, соперничество генов, пока один из них не возьмет верх. Так что соматический гибрид может до поры до времени скрывать многие свои способности. Но как только исчезает подавляющий ген, они тут же проявляются. Этот вывод важен для развития наших представлений о строении живых организмов, о внутриклеточных процессах, о механизмах образования отдельных органов и тканей.

Особый интерес представляют собой полученные генными инженерами при помощи методов гибридизации так называемые клеточные химеры. Химера – искусственно созданный организм, состоящий из разнородного генетического материала. Клеточные химеры возникают при смешивании на ранней стадии развития клеток двух линий одного вида. Объектами служат клетки млекопитающих, есть опыты с получением химер у мух дрозофил, морских ежей, амфибий.

В начальных периодах развития зародышей все их клетки идентичны, поэтому легко поддаются смешиванию, соединению, комбинированию. Как же создаются зародыши-химеры? Объясним это на примере. Из двух эмбрионов мышей с разной, предположим белой и черной, окраской шерсти, достигших определенной стадии развития, берут отдельные клетки и соединяют их в капле питательной среды.

Образуется зародыш, который вводят в матку третьей мыши, где он и развивается естественным образом. Как правило, из таких зародышей рождаются здоровые мышата, а поскольку они несут в себе клетки обоих «родителей», шкурка у них будет полосатая. Подобные аллофенные особи можно получить не только от двух, но и от целой группы мышей.

Американская исследовательница Минц изучала закономерности распределения черно-белых полос на шкурках аллофенных мышей. Ей удавалось получать как по заказу мышек-химер с разными вариациями черно-белой окраски на правой и левой половине головы, на спинке, хвосте и пр. Исследовательница насчитала всего 34 такие полосы и сделала вывод, что, когда красящие клетки возникли в зародыше, их было столько же. Потом каждая красящая клетка в итоге делений образовала своеобразный цветной клон одинаковых клеток, опоясавший узкую зону кожи.

Интересную информацию дают химеры о такой важной проблеме, как совместимость тканей. Из зародышей двух мышей, несовместимых по своим данным, получали химерного мышонка, на котором хорошо приживались кусочки кожи обеих «родительских» линий мышей...

Вносят свою лепту химеры и в развитие наших знаний о природе рака. Одна линия мышей отличалась высокой частотой заболевания раком лимфатических тканей, лимфомой, другая – раком печени, гепатомой. Химерные особи из этих линий были подвержены обоим недугам. Но лимфомы всегда возникали из клеток первой линии, а гепатомы – из второй, независимо друг от друга. Можно предполагать, что появление раковых опухолей у химер обязано только генотипу клеток.

Интереснейшие результаты показали химеры, когда в зародыш, в бластоцисту, вводили клетки так называемой тератокарциномы – перевиваемой раковой опухоли. Ее создают длительным пересаживанием раковых клеток от одной особи к другой. Самое поразительное заключалось в том, что клетки раковой опухоли, попав в зародыш-химеру, превратились в нормальные! И совсем уж необыкновенные химеры были получены членом-корреспондентом АН СССР Н. Г. Хрущовым. Мышь, в сосудах которой текла кровь крысы, сначала подвергли облучению, вызвавшему гибель клеток крови и костного мозга, а затем ей пересадили клетки костного мозга или селезенки крысы. Такие мыше-крысиные объекты удобны для исследований: их кровяные клетки легко различимы под микроскопом.

Гибриды, гибриды, гибриды... Техника их получения ежегодно совершенствуется и пополняется новыми методами. Ядра и цитоплазмы разных клеток комбинируются в самых неожиданных сочетаниях. Все эти манипуляции с клетками получили общее название клеточной инженерии, и нельзя сказать, что возможности нового научного направления будут раскрыты только в будущем. Гибридизация растительных и животных клеток и зародышей уже привела к огромным практическим достижениям, например к созданию новых пород и сортов сельскохозяйственных животных и растений.

... Обычно селекционер, затратив десяток лет на выведение нового сорта растения, наконец получает его – этот долгожданный итог вдохновения, расчетов и кропотливого труда. Но – в очень небольшом количестве экземпляров. А ведь новый сорт ждут тысячи потребителей. Как быть? Снова тратить годы и годы на его размножение? И тут на помощь приходит клеточная инженерия.

Если от растения отделить кусочки наиболее активно растущих частей почек, корней, стебля, листьев и поместить в подходящую питательную среду, то из них развивается полноценная форма, во всем повторяющая «родителя». Процесс выращивания целого растения в культуре ткани получил название соматического эмбриогенеза. Например, в культуре ткани моркови среди массы однородных клеток обязательно возникает хотя бы одна, которая начинает превращаться в типичную зиготу с обогащенной цитоплазмой и увеличенным ядром. Затем появляется завязь в виде цветка, закладывается будущий корень, намечается почечка и первые листья-семядоли. Обозначается растеньице, которое отлично приживается в почве, давая начало нормальной взрослой особи. От нее вновь можно отделить меристемные верхушки, перенести в питательную среду и повторить весь процесс, чтобы создать клон. За год таким методом, обходясь без всяких опытных делянок – на небольшом лабораторном столе, можно получить до миллиона экземпляров клонированного сорта. Причем это будут здоровые растения, не зараженные вирусами, грибами или другими фитопатогенными микробами, так что инфекция не попадет вместе с ними на поля.

Не так-то просто селекционеру обычными методами сохранить в чистом виде у потомства растений какой-либо отцовский признак, допустим высокий и прочный стебель. При обычной половой гибридизации это отцовское качество подавляется материнскими генами короткоствольности. Клеточная инженерия и здесь может сказать весомое слово. Поскольку такой признак сцеплен с полом, то существует возможность получить растения, содержащие только мужские хромосомы. Известно, что молодые клетки пыльцы включают одинарный гаплоидный, отцовский набор хромосом. В питательной среде, где нет женских половых клеток, они образуют каллусную массу. Из нее-то методами клеточной инженерии ученые получают взрослые растения, которые пока несут гаплоидный набор хромосом. Но его удваивают теми же способами клеточной инженерии, и в итоге образуются диплоидные растения мужского происхождения. Искомый признак – длинный и прочный стебель – сохранен для потомства. Теперь дело только за клонированием.

Клеточная инженерия уже сегодня приносит пользу на широком фронте соседствующих проблем животноводства, сельского хозяйства, медицины, экологии. Пример – пересадка эмбрионов. Известно, что чистопородные экземпляры продуктивного скота вывести нелегко и стоят они очень дорого. По зарубежным данным, племенной симментальский бык массой больше тонны оценивается в 10 миллионов долларов. Представляете, сколько стоил бы килограмм его мяса в магазине! Но никто и не полагает превращать подобного красавца в «золотые» бифштексы: он предназначен для продления рода. За десять лет жизни призовой бык с лихвой окупает затраты на свое содержание в особо комфортабельных условиях. Так что исключительное отношение к животному жестко мотивировано экономикой. Ведь доза семенной жидкости призового быка, скажем, канадской голштинской породы стоит 60 000 долларов. Самого быка давно не существует, но семя его уже в течение 25 лет сохраняется в жидком азоте (при температуре минус 196°C) и остается жизнеспособным. Таковы супербыки, но есть еще не менее дорогие высокопородные суперкоровы. Разумеется, животноводы стремятся иметь в своем хозяйстве потомков столь знатных родителей.

Клеточная инженерия помогает решить и такую проблему. Эмбрионы призовых представителей рогатого скота пересаживают обычным коровам. Это позволяет получать от элитарных избранниц вместо одного теленка в год больше десятка. Таким путем сегодня появляется на свет около 50 тысяч телят в год. Замороженные эмбрионы транспортируются в самые отдаленные уголки земли. Недаром говорят, что теперь под сиденьем самолета можно перевезти две тысячи коров. Весьма посредственные буренки из местных стад производят на свет генетически совершенное потомство. Причем специалисты планируют в недалеком будущем предсказывать его пол до рождения. Понятно, какое значение имеет это для сельскохозяйственной практики: тем, кто занимается производством мяса, не нужны коровы, и наоборот, молочные хозяйства не заинтересованы в быках...

Как сохранить ценный генетический материал сельскохозяйственных и диких растений? Ответить на этот вопрос, решить проблему помогает метод искусственных тканевых культур. Ученые вырезают кусочки верхушек ростков и выращивают их «в стекле», получая клоны выбранных растительных клеток. В помещениях с неоновым освещением при температуре 6–8°C они без ущерба могут находиться годами. Применение тканевых культур защищает генетический материал от вредителей и заболеваний, облегчает обмен этим материалом между различными странами. В наши дни во всем мире создаются так называемые банки генов основных сельскохозяйственных культур и их диких сородичей, призванные обеспечить в будущем выведение новых ценных сортов растений.

Создание хранилищ зародышевой плазмы навело ученых на мысль, что клеточная инженерия может внести существенный вклад в дело борьбы за сохранение окружающей среды, в решение экологических задач. Ведь под угрозой сейчас находится существование многих видов флоры, и чуть ли не с каждым годом с лица земли исчезают все новые растения. Ученые считают необходимым собирать весь генетический материал в районах, над которыми нависла экологическая опасность, и хранить его в виде тканевых культур, чтобы можно было возродить зеленое царство планеты. Речь идет о реализации насущной и высокогуманной идеи, о создании неоценимого фонда живого, о сохранении генетической памяти Земли.

Глава 2 Биотехнологическая мозаика: проблемы, поиски, решения

Друзья-невидимки

Речь пойдет о микробах, приносящих пользу человеку. Их в мире микроскопических существ значительно больше, чем недругов. И какие это замечательные, могущественные и верные друзья! Вспомним хотя бы почвенные микроорганизмы, которые, словно мифологический герой, держат на себе всю биосферу планеты, практически всю нашу жизнь. Трудно даже перечислить их «профессии» – чем только не занимаются незримые мастера! Сами-то они невидимы простым глазом, зато результаты их гигантской работы, как говорится, налицо: плодородие почв, круговращение элементов и веществ в природе, чистота планеты, полезные ископаемые – все это «сфера деятельности» микробов. Все – от них, от их неустанного миллионнолетнего и ежесекундного «труда» в земле, в глубинах океана, в лесах, на горах. Как же нам их не называть друзьями! Без них жизнь была бы просто невозможна...

Человек с незапамятных времен, еще и не ведая о существовании микробов, пользовался их услугами. Именно они подарили нам такие важные продукты питания, как хлеб и сыр. И квашеную капусту, и кефир, и моченые яблоки и... да что тут перечислять! Старые «заслуги» микробов перед человечеством хорошо известны. А сейчас? Каковы место и роль микроорганизмов в современном производстве, в эпоху научно-технической революции?

Ныне «одомашненные» микробы, конечно же, продолжают трудиться в своих традиционных областях – хлебопечении, сыроделии, в фармацевтике, в медицине, в аграрной сфере и пр. Но в наши дни обособилась и выделилась в самостоятельную отрасль молодая микробиологическая промышленность, которая, в частности, производит и поставляет сельскому хозяйству кормовые дрожжи, незаменимые аминокислоты, комплексные кормовые добавки, витамины, ферменты, антибиотики, бактериальные удобрения, средства для защиты растений и лечения животных. Кроме того, микробиологическая промышленность с каждым годом расширяет выпуск продуктов и препаратов, используемых в текстильной, пищевой, медицинской, химической промышленности, в научных исследованиях.

В основе большинства технологических процессов микробиологической промышленности лежит жизнедеятельность клеток микроорганизмов. Здесь все зависит от «способностей», «навыков» и «трудолюбия» микробов. Но жалко выглядели бы ученые, полагаясь только на природные, первоначальные данные микроорганизмов. Например, открытый в 1929 году почвенный плесневый грибок, которому мы обязаны получением пенициллина, ныне, в условиях индустриального производства, сам на себя не похож – столько он прошел принудительных превращений! Современные колонии клеток этой плесени, новые мутантные штаммы, вырабатывают этого ценного антибиотика в сотни раз больше своих родоначальников.

Каким же образом столь заметно усилить и закрепить полезные свойства микроорганизмов? Путь в общем-то знакомый, изведанный: отбор, селекция. В сущности, исходная точка всех процессов в микробиологической промышленности – выбор нужного микроорганизма. Его находят либо в одной из уже существующих коллекций микробов, либо отыскивают в природе. Тут главное, чтобы объект наиболее полно соответствовал намеченной цели. А что главное в промышленных микроорганизмах? Прежде всего – их способность производить в достаточных количествах необходимый антибиотик, фермент или белок. Второе же – быстро и по возможности неприхотливо расти на предложенной среде. Эти два требования, эти два критерия долго определяли всю процедуру выбора «рабочего» микроорганизма для той или иной технологической задачи.

Сейчас положение немного меняется. Ученые говорят, что совсем не обязательно изощряться в поисках микробов с особыми, уникальными свойствами. Ведь теоретически синтез аминокислот, ферментов, нуклеозидов и нуклеотидов осуществляется в любой живой клетке, и, следовательно, каждая из них по своим возможностям, после соответствующей селекции, отбора, пригодна на роль главного действующего лица в технологической линии микробиологического завода. Но это теоретические рассуждения, а пока ученые действуют в основном по старинке: подыскивают подходящий штамм микроорганизма и начинают его «дрессировать». Подобный процесс выглядит довольно жестким: миллионы микробов обречены на гибель, прежде чем будет отобран новый штамм с нужной, удовлетворяющей придирчивого экспериментатора «производительностью труда».

Продуктивные штаммы выводят поэтапно. Обработали, допустим, природный микроорганизм азотистым ипритом или облучили ультрафиолетом, отбросили погибшие клетки, а из оставшихся выбрали наилучшие. Затем размножили, и снова под беспощадный обстрел мутагенных факторов. И снова операции повторяются: отбор, размножение и т. д., пока не наступит момент насыщения; дальше эту породу микробов, используя данные мутагены, улучшить уже нельзя.

Это универсальный способ, но не единственный, дающий микробиологической промышленности все новые виды микроскопических «тружеников».

Например, недавно успешно освоен так называемый метод структурных аналогов целевого продукта. Известно, что по мере накопления в окружающей среде производимого некоторыми микробами соединения их деятельность начинает замедляться, а то и вовсе прекращается. Было предложено использовать структурные аналоги – близкие по строению к конечному продукту вещества, которые клетка «путает» с ним, а потому перестает расти и размножаться. Выживают лишь отдельные клетки, способные преодолеть это препятствие. Такие клетки и становятся родоначальниками новых линий микроорганизмов, способных работать в условиях непрерывного накопления конечного продукта, что, понятно, очень важно для промышленных процессов. Действительно, рассматриваемый метод позволяет существенно увеличить производительность микроскопических существ. Так, бактерия, производящая аминокислоту триптофан, пройдя пятиступенчатый отбор после обработки разными аналогами, повысила выход искомого продукта почти в 10 раз.

Существует множество способов, вынуждающих микроорганизмы мутировать. Скажем, под действием специализированного голодания, недополучая определенный биохимический компонент, клетка перестраивает свою жизнедеятельность на производство новых соединений, обеспечивающих выживание. Другой пример применения методов генетической инженерии в микробиологической промышленности. Ученые, используя известные способы передачи генетической информации с помощью плазмид, последо-

вательно заряжают бактерию псевдомонас генами, управляющими разложением октана, камфоры, ксилола, нафталина. В итоге такой генетической «всеядности» и возник штамм, который питается сырой нефтью. Распространен в микробиологической индустрии уже упоминавшийся способ генетического обмена слиянием протопластов – клеток, лишенных своих стенок. Ученые таким способом соединяют внутри- и межвидовые штаммы бацилл, актиномицетов, грибов, дрожжей.

Когда мы говорим о процессах микробиологической индустрии, следует отличать, по крайней мере, два их варианта. В одних случаях сами производители становятся продукцией, как это происходит, например, при получении кормового белка. Дрожжи, перерабатывая нефть в белки своих клеток, оказываются конечным продуктом производства. В других случаях микроорганизмы выделяют в среду искомые соединения – антибиотики, витамины, некоторые ферменты. Каждый вариант требует своего аппаратурного оформления, своей технологии. И как раз поточное производство кормового белка можно сегодня считать самым весомым практическим достижением микробиологической промышленности. Микробный белок – сухие гидролизные дрожжи и белково-витаминные концентраты – очень полезен для сельскохозяйственных животных и дает отличные результаты при скармливании скоту. Еще более «отзывчивы» животные на введение в их рацион добавок такой аминокислоты, как лизин.

На специализированных предприятиях микробный белок получают по такой общей схеме. На завод поступает сырье, представляющее собой смесь очищенных жидких парафинов. Параллельно готовят питательные растворы с нужными солями и микроэлементами, на которых выращивают чистую культуру дрожжей (посевной материал). Эти культуры высевают на парафины, где и осуществляется кульминационный процесс данной технологии – ферментация парафиновой фракции нефти, превращение углеводородов в белковые составляющие клеток микробов. Затем следуют обычные для подобного производства операции: выделение и концентрирование дрожжевой биомассы, сушка дрожжей, упаковка – и вот преображенная нефть становится кормом для сельскохозяйственных животных. Однако исходным сырьем может быть не только нефть, но и самые разные органические материалы. В дело могут идти метан, метиловый и этиловый спирты, солома, листья, стебли, кукурузные кочерыжки, подсолнечниковая лузга, опилки, несортовая древесина, словом, различные отходы промышленных и сельскохозяйственных производств к их услугам.

Правда, сейчас в качестве заменителей дрожжей предлагают их «родственников» – микроскопические грибы. Биотехнологи заинтересовались грибами, обнаружив у дрожжей ряд недостатков: необходимость особо подготавливать исходную питательную среду, повышенную чувствительность дрожжей к отсутствию витаминов, а главное, грубость конечного продукта, содержащего много клетчатки, что требует определенной его обработки перед скармливанием животным. Но и микроскопические грибы не без изъяна: растут они медленно и подвержены инфекционному влиянию вредоносных микробов. Впрочем, по зарубежным источникам, одна западная фирма уже сообщила о промышленном производстве пищевого белка с помощью грибов рода фузариум, а другая предложила способ выращивания микроскопических грибов на пульпе сахарной свеклы. Согласно этим сведениям, полученная биомасса проверена на животных и хорошо себя зарекомендовала.

... Человек приручил и поставил себе на службу многие виды микробов. Но в природе существует глобальный процесс, который и ныне остается заповедной областью «деятельности» микроорганизмов. Речь идет о фиксации азота, превращении этого инертного газа атмосферы в компоненты живых тканей. А ведь именно из него на четыре пятых состоит окружающий нас воздух. Однако человек, животные и растения не способны усваивать азот в чистом виде: сначала его надо «фиксировать», то есть связать с другими элементами, скажем, с такими, как водород, углерод, кислород. Только после этого он может стать основным компонентом аминокислот – «строительных блоков» белков.

А вот микроскопическим существам это вполне по силам. Некоторые бактерии и синезеленые водоросли могут усваивать газообразный азот из воздуха.

Так, между бактериями и бобовыми устанавливаются «дружеские», полезные обеим сторонам отношения – так называемый симбиоз: бактерии поселяются в корневых клубеньках или утолщениях и, получая питание и энергию, осуществляют фиксацию азота, который столь необходим растениям. В настоящее время известен так называемый ассоциативный симбиоз, когда азотфиксирующие бактерии находятся в симбиотических взаимоотношениях с небобовыми растениями. Иные виды бактерий связывают азот вне симбиоза с растениями. При этом часть его выделяется в окружающую среду и может использоваться другими микроорганизмами и растениями.

Ежегодно азотфиксирующие микроорганизмы связывают приблизительно 175 миллионов тонн азота, то есть около 70 процентов общего количества поступающего в почву азота. Остальная часть его производится человеком на заводах химических удобрений. Поэтому люди уже давно ищут способ избавиться от этой стихийной «бактериальной» зависимости. В промышленности для производства азотных удобрений используются высокие температуры и давления. При таких условиях и получают аммиак – соединение азота и водорода. Этот процесс требует больших затрат энергии и существенного расхода природного газа, что обуславливает значительную стоимость азотных удобрений. А ведь они обладают довольно низким экономическим эффектом, поскольку растения усваивают лишь половину азота, внесенного в почву с удобрениями. Мало того, неизрасходованная половина азота загрязняет окружающую среду и способна нанести природе заметный ущерб.

Понятно, что микробиологи и биотехнологи принимают самое активное участие в решении проблем, связанных с азотфиксацией, работая сразу в нескольких направлениях.

По-прежнему продолжается поиск новых видов бактерий, способных высокоэффективно связывать азот. Исследуется возможность симбиоза азотфиксирующих бактерий с различными небобовыми культурами и уже найдена бактерия, отвечающая этому требованию. Генетические инженеры предлагают пересадить бактериальные гены, ответственные за азотфиксацию (НИФ-гены), бактериям, не умеющим связывать азот, но вступающим в симбиоз с другими растениями. Наконец, в будущем биотехнологи надеются осуществить прямую пересадку НИФ-генов от азотфиксирующих бактерий к небобовым культурам и получить растения, способные усваивать атмосферный азот. Конечно, сколь важны эти вопросы, столь непросто их решение, и биотехнологию тут ожидают немалые трудности. Но есть и основания для оптимизма. Порукой тому – оригинальные идеи и целенаправленные исследования ученых. А как это будет в действительности покажет время.

Современное сельское хозяйство – один из главных потребителей металлов. В связи с этим упомянем об очень интересном и перспективном направлении, получившем название микробиологической гидрометаллургии. Микробы и металлы, казалось бы,– что здесь общего? Тем не менее уже существует наука об извлечении химических элементов из руд, концентратов и горных пород под действием микроорганизмов при нормальном давлении и небольших температурах. Например, в нашей стране впервые в мире разработана и испытана технологическая схема бактериально-химической переработки такого важного металла, как олово. Микробы помогают добывать медь из бедных, бросовых руд, извлекать цветные и благородные металлы из водных растворов. Таким образом, биотехнология обещает внести значительные перемены и в нынешнюю практику переработки минерального сырья.

Словом, там, где есть микробы, они могут принести пользу человеку. А микробы есть везде...

На границе возможностей жизни

Утверждение о том, что микробы есть везде, отнюдь не преувеличение, а по сути дела, констатация научных фактов. Их накопление началось с той поры, когда Антони ван Левенгук впервые наблюдал через свои несовершенные линзы за «анималькулями» в капле воды. Тогда, разумеется, трудно было предположить, сколь вездесущи и жизнеспособны эти мельчайшие организмы и какую громадную роль играют они в глобальных природных процессах.

Сегодня известны многие тысячи родов и видов микробов, но их перечень постоянно пополняется все новыми представителями невидимого царства. Они истинные владыки мира, настоящие рекордсмены живой материи. Похоже, для них нет ничего невозможного. Ведь микробы находят кров и стол, казалось бы, за всеми мыслимыми границами жизни.

Они существуют в почве, в глубинах земли, в воздухе, на поверхности воды и в морских пучинах. Благоденствуют в атмосфере кислорода, но вполне, как анаэробы, могут обходиться без него. Прекрасно чувствуют себя в диапазоне температур от «минусов», теряющихся в далеком космосе, до «плюсов» горячих источников. Они проявляют завидную устойчивость к ядам, выдерживают мощные давления и вакуум, высокие концентрации кислот и щелочей, высокие дозы ультрафиолета и сильнейшее радиоактивное излучение. Трудно поверить, но ученые обнаружили микроорганизмы, избравшие себе местом жительства активную зону ядерных реакторов!

Поразительна и способность микробов питаться самой неожиданной пищей. Большинство из них гетеротрофы, то есть нуждающиеся в органических материалах. Но многие способны употреблять в пищу простые соединения углерода, азота и ряда других элементов. А в целом микроорганизмы поглощают с одинаковым аппетитом пищу как низко-, так и высокомолекулярную (белки, нуклеиновые кислоты, углеводы). Таким образом, вещества, «обрабатываемые» микроорганизмами, составляют широкий круг соединений живой и неживой материи. Микробы «едят» практически все – от ядов до пластмасс, а также метан, метанол, метилированные амины и окись углерода. Автотрофные организмы синтезируют все составные части своих клеток из углекислоты воздуха и способны использовать, как и высшие зеленые растения, энергию солнечного света, то есть осуществлять фотосинтез.

Микробам не грозит голод даже в бесплодной пустыне. Литотрофы – «питающиеся камнем», «камнееды» – так называют микроорганизмы, усваивающие неорганические вещества. Энергию на процессы обмена веществ такие микробы добывают при окислении соединений серы, оксидов железа, марганца и пр. Эту группу камнеедов называют хемолитотрофами, которых считают ответственными за природный круговорот минеральных элементов. Результатом их биогеохимической деятельности в течение тысячелетий являются современные залежи серы, карбонатов, железных, марганцевых руд. Многие бактерии успешно освоили и новые виды пищи: они отнюдь не «брезгуют» и искусственным минеральным сырьем – бетоном, стеклом, кремнийорганическими полимерами, эмалями и т. п.

МИКРОБ

Естественно предположить, что при таком обильном и разнообразном питании и отличной приспособленности даже к экстремальным условиям окружающей среды микробы активно плодят себе подобных. И все же способность микроорганизмов к быстрому размножению поистине феноменальна. Некоторые бактерии делятся каждые полчаса, а то и каждые десять минут. В потенциале, если, конечно, нет никаких ограничений, одна бактерия может дать биомассу в несколько десятков тысяч тонн за троечетверо суток! Этот чудовищный жизненный напор с незапамятных времен превращает окружающую материю в вещество бактериальных тел. Действительно, сказать о микроорганизмах, что они «долгожители», значит выразиться слишком слабо. Сравнительно недавно обнаружено семейство так называемых архебактерий, «возраст» которых, по мнению ученых, составляет несколько миллиардов лет!

Почему же биотехнологи столь откровенно интересуются микроорганизмами с предельно выраженными функциями и возможностями? Ответ ясен: потому что эти микробы обладают замечательной наследственной программой. Передав ее другим микробам уже известными науке методами, можно создать совершенно новые направления в медицине, сельском хозяйстве, промышленности. В принципе любой оригинальный геном способен «родить» целую отрасль. Вот и ищут исследователи экзотические геномы неизведанных микроскопических организмов.

И, представьте, находят! В самых, казалось бы, не подходящих для жизни местах: в горячих источниках, в озерах с соляным раствором или в выжженных, покрытых солончаками пустынях. Как же они все-таки выживают, спрашивают себя ученые и приходят к однозначному выводу: в таких микроорганизмах существуют, должны существовать, особые защитные устройства или процессы, противостоящие экстремальным воздействиям внешней среды.

Вспомним о микроорганизмах, безразличных к мощнейшему радиоактивному излучению. Один американский ученый облучал зерно, чтобы освободить его от болезнетворных бактерий, а получил микроорганизмы, способные размножаться даже в атомных реакторах. Как же противостоят эти бактерии дробящему действию потока гамма-квантов, в котором хрупкая молекула ДНК должна была бы распасться на многие части? Она и распадалась, но не разлеталась в стороны, поскольку каждая из частей «крепилась» физико-химической связью к мембране клеток и, как только волна «ядерного урагана» проносилась, тут же соединялась с соседними участками ДНК. Происходила очень быстрая и полная реакция восстановления ДНК. «Командный пункт» бактерии работал – и она продолжала жить.

А термофилы – за счет чего они живут в горячих источниках, чуть ли не в кипятке, если обычно белки сворачиваются и теряют активность уже при 60–70°C? Уж они-то, наверное, устроены какимнибудь особенным образом. Однако эти чудо-бактерии по своему химическому составу ничем не отличаются от прочих. Только вот структура липидов более «ветвистая», обеспечивающая их прочное сцепление с мембранами, что, по-видимому, приводит к упрочнению клеточных стенок.

Пристальное внимание ученых привлекают древнейшие микроорганизмы – уже знакомые нам архебактерии. Почтенный возраст – свидетельство их поразительной стойкости к самым неблагоприятным факторам среды. Похоже, даже всемогущее время не властно над ними. Сокрушая каменные горы, оно оказывается бессильным перед мельчайшими «кам-

БАКТЕРИЯ
БАКТЕРИЯ

неедами». Заметим, что в последнее время отряд бактерий с экзотическими, лежащими на границе жизни возможностями пополняется вновь открытыми представителями.

Вот, например, метанобразующий микроб, чья деятельность в стоячей воде приводит к образованию метана, обладает, как и многие архебактерии, заметными отличительными признаками в строении белков, жирных и нуклеиновых кислот. Отличия настолько велики и фундаментальны, что происхождение подобных микроорганизмов сейчас адресуют к временам «первичного бульона», в котором зародилась жизнь на Земле, то есть относят к эпохе горячей земной коры с присущими данному периоду высокими концентрациями таких компонентов атмосферы, как водород, метан, аммиак, углекислый газ. Закалив себя в невиданно трудных условиях жизни, архебактерии стали супербактериями. А поскольку они очень мало похожи на современных микробов, медики надеются найти в их наследственной программе новое оружие против болезней. И уже есть результаты, поддерживающие эту надежду.

Аналогичные работы проводятся теперь с «морозостойкими» микробами. Вспомним о бактериях, выделенных из горных пород района Южного полюса. Когда-то, в глубокой древности, бактерии были погребены в результате катастрофических или эволюционных процессов. Будучи включенными в тело породы, периодически испытывая падение температуры до минус 60°С, пролежав тысячи лет, бактерии тем не менее сохранились и после извлечения из каменного плена, ожили и стали размножаться!

Еще более поражают наблюдателя те бактерии, которые для своего существования используют ядовитые (по нашим меркам) вещества, скажем ионы тяжелых металлов и некоторых других элементов. Крошечное простейшее животное – акантария, одна из разновидностей радиолярий,– строит свой минеральный скелет не из гипса или окиси кремния, как все остальные представители планктона, а из минерала целестина – сульфата стронция и тем самым накапливает этот опасный для живого элемент, хотя в морской воде его очень мало. Морские губки извлекают золото из растворов, где оно находится в ничтожных концентрациях (около четырех миллиардных процента). Рекордсменами по металлодобыче оказались многие почвенные микроорганизмы. Плесневые грибы аспергиллы ухитряются запасать меди в своих клетках в 3000 раз (!) больше, чем ее содержание в окружающей среде. Микроорганизмы способны накапливать в себе и уран. А вот бактерия сенная палочка обнаруживает явное пристрастие к драгоценным металлам. При выращивании этой бактерии в растворе хлористого золота на стенках ее клеток возникал налет из чистого металлического золота. Рассматриваемый процесс ассимиляции оказался довольно любопытным. Сначала положительно заряженный ион золота соединялся с противоположно заряженными группами белков или полисахаридов, входящих в состав клеточной стенки, образуя центры кристаллизации, на которых затем быстро осаждались ионы золота из раствора. Ученые установили, что сенная палочка – настоящий универсал, поскольку способна извлекать еще четыре десятка металлов.

Как действуют эти металлы на бактерии? Проникая в живые клетки, они способны нанести немалый урон (разрывают нуклеиновые цепи, инактивируют ферменты и т. д.), но в связанном состоянии безвредны. Поэтому микроорганизмы, извлекая яды из окружающей среды, соединяют их с ферментами и белками и тем самым лишают губительной силы.

Пристрастие микроорганизмов к некоторым металлам оборачивается для нас истинным благом, поскольку ощутимо способствует процессу очистки окружающей среды от сильнейших ядов. Аналогичный процесс известен для многих микроскопических существ, защищающихся от вредных соединений путем связывания токсинов с промежуточными продуктами метаболизма. Недаром микроорганизмы часто называют великими санитарами природы.

Микробиологи отыскивают все новые виды микробов, обладающих важными «технологическими» возможностями. На первом плане – так называемые супербактерии. Например, пересадка их генов к обычным промышленным микроорганизмам прежде всего должна повлиять на производство ферментов. Ученые попытались промоделировать граничные условия, в которых могут действовать главные для жизни биологически активные белки. Так, липаза из поджелудочной железы свиньи – фермент, способствующий усвоению жиров, растворенный в спирте, «работал» при 100°C даже лучше, чем при нормальной температуре. Подобный «закаленный» фермент сразу получает выход в ту отрасль пищевой промышленности, где производство страдает от загрязнения бактериями, которых в этом случае можно ликвидировать простым повышением температуры, не нарушая активность фермента. И если уж вполне земные, «избалованные» мягкими условиями жизни ферменты вроде липазы проявляют столь завидную устойчивость, то супербактерии с их поразительными рекордами обещают в будущем произвести в микробиологической промышленности подлинную революцию.

На примере разных групп микроорганизмов с «экзотическими» свойствами и возможностями, позволяющими выживать им в поразительно трудных условиях, можно видеть, каким богатым банком генетических программ располагает природа и какое разнообразие генов способна дать она в руки ученых. Естественный потенциал генной информации, накопленный за миллиарды лет, грандиозен, остается только удачно и к месту применить его, используя современные научные методы биотехнологии. Но, отыскивая новые виды «микроскопических тружеников», исследователи понимают, что они все-таки лишь едва прикасаются к неизмеримому богатству. Главные открытия – впереди.

Что могут ферменты

Скажем сразу: очень и очень многое. Но совершенно новые возможности открылись с получением так называемых иммобилизованных ферментов. Еще в начале нынешнего столетия было известно, что некоторые ферменты, если их адсорбировать на твердом носителе (таком, как уголь или силикагель), сохраняют свою каталитическую активность. Однако работы в этом направлении увенчались первыми успехами лишь в 50-х годах нашего века. Сама же иммобилизация – понятие довольно широкое, подразумевающее и простое связывание ферментов с водонерастворимыми носителями, и вообще любое ограничение степеней свободы ферментных молекул и их фрагментов.

Иммобилизация сразу обнаружила ряд солидных преимуществ в сопоставлении с обычным катализом. Она позволяет остановить реакцию на любой стадии, повторно использовать катализатор, получать продукт, не загрязненный ферментом, что особенно важно в ряде пищевых и фармацевтических производств. При гетерогенных катализаторах ферментный процесс можно вести непрерывно (например, в поточных реакторах) и регулировать скорость реакции. Кроме того, иммобилизация дает технологам возможность целенаправленно улучшать свойства ферментов и среди них – специфичность по отношению к субстратам и стабильность, способность противостоять различного рода вредным воздействиям среды.

Реализация богатых возможностей иммобилизованных ферментов привела к образованию нового научно-технического направления, часто называемого инженерной энзимологией, основной задачей которого является конструирование органических катализаторов с заданными свойствами на основе ферментов (в том числе с использованием полиферментных комплексов или даже микробных клеток). Инженерная энзимология ставит своей целью разработку научных основ применения ферментных катализаторов для создания новых биотехнологических процессов в промышленности и более совершенных методов в ряде областей науки и практической деятельности.

Как же происходит иммобилизация? Ферменты закрепляют в пространстве по-разному, несколькими способами. Их можно адсорбировать на керамике, стекле, силикагеле, оксидах и гидрооксидах металлов, полисахаридах, органических смолах и других носителях. Адсорбция при этом осуществляется физическими или ионными силами взаимодействия. Распространены также методы механического включения ферментов в полимерные гели, в полупроницаемые полимерные микрокапсулы, в полые волокна, в жидкие мембраны. Особый интерес представляют способы, позволяющие присоединить ферменты к неорганическим носителям с помощью химических (ковалентных) связей. Возможна «привязка» фермента и к синтетическим полимерам, например, к нейлону, полистиролу, полиакриламиду, ионообменным смолам.

После закрепления на поверхности носителя ферменты необходимо стабилизировать. Дело в том, что они представляют собой весьма лакомое блюдо для микроорганизмов, которые почти всегда присутствуют в окружающей среде. Поэтому ферменты «экранируют» от чужеродных микробов, защищая их, скажем, стенками микропористого носителя. Существуют и другие способы стабилизации фермента, когда молекулы белка предварительно соединяют «поперечными мостиками», а затем уже прикрепляют химическими связями к твердому материалу и механически включают получившееся образование в тесные поры носителя. Зафиксированный таким образом фермент может работать в довольно жестких условиях, сохраняя активность при повышенных температурах и в относительно агрессивных средах. Сфера применения иммобилизованных ферментов весьма обширна. Например, в энергетике они используются при биофотолизе воды и при биоэлектрокатализе; с их участием ожидается практическое решение проблемы создания эффективных топливных элементов, а также открывается путь к бессеребряной фотографии. О последнем следует сказать подробнее. Получить изображение с помощью метода иммобилизации ферментов довольно просто. Химические функциональные группы исходного носителя не взаимодействуют с ферментом до тех пор, пока под влиянием света не произойдет их химическое превращение. Тогда фермент оказывается закрепленным на поверхности носителя именно и только в освещенных местах. Иными словами, в результате фотоиммобилизации фермента возникает скрытое изображение, которое переводится в явное после обработки подложки раствором субстрата, способного под действием света превращаться в окрашенный продукт.

Замечательной особенностью закрепленных ферментов является возможность получать в одном процессе несколько продуктов разного целевого назначения. Так, предвестником будущих комплексных безотходных биотехнологий называют сейчас процесс совместного производства глюкозы, фруктозы и эпоксидов. В этом процессе слились три синтетических метода – ферментный, химический и микробиологический.

Ученые пошли дальше, решив поставить на службу микробиологической промышленности идею фиксации не только ферментов, но и самих микробов. Действительно, почему бы не заставить работать

клетки микробов, удерживая их в твердом или полужидком носителе с целью стабилизации технологического процесса? Свыше десяти лет назад было осуществлено первое индустриальное применение таких иммобилизованных клеток для получения аспарагиновой кислоты. Использование «плененных» клеток в сравнении со свободными дает целый ряд преимуществ: не нужно выделять и очищать ферменты, невелики расходы на выделение и очистку продуктов реакций, более высока активность таких клеток и стабильность их действия; возможно создание полунепрерывных и поточных автоматизированных процессов. Интересно отметить, что при этом в дело идут живые, поврежденные и даже мертвые клетки.

Возможности применения закрепленных клеток

4–273

микробов разнообразны: здесь прежде всего традиционные процессы трансформации и биосинтеза (получение аминокислот, органических кислот, антибиотиков и других соединений); очистка сточных и природных вод от загрязнения; извлечение металлов из стоков; ассимиляция солнечной энергии, изготовление водородных топливных элементов, азотфиксация. Дальнейшие перспективы в этой области открывает реализация новых идей. Ученые, например, намерены иммобилизовать не только целые или поврежденные клетки микроорганизмов, но и клетки растительных и животных тканей, используя их так же, как биокатализаторы, для синтеза биологически активных веществ. Немалые надежды связаны и с закреплением клеточных органелл (таких, как митохондрии, рибосомы, хлоропласты) в качестве активных полуферментных систем.

Ученые не без оснований считают, что микробная биотехнология способна совершить настоящий переворот во всех производственных сферах недалекого XXI века. Но и нынешнее биотехнологическое производство можно представить как единую систему, которая складывается из последовательных четко регламентированных стадий и операций. Сегодняшние микробиологические заводы мало напоминают сельскохозяйственные предприятия. Это и по виду и по сути полноценные индустриальные комплексы. Например, ферментер в поточной линии получения кормовых дрожжей представляет собой агрегат высотой в многоэтажный дом. В его емкостях, достигающих нескольких тысяч кубических метров, одновременно рождаются, растут, проходят различные стадии развития, дают новое потомство миллиарды и миллиарды микробных клеток.

Ферментер, собственно, и есть главный аппарат в цепочке микробиологического синтеза. Ведь именно здесь происходит сложнейший, очень тонкий и требующий точного регулирования процесс культивирования производственных штаммов микроорганизмов. И управлять столь ответственным процессом, поддерживая на всех стадиях необходимый режим, весьма и весьма непросто. Поэтому ныне крупные ферментеры эффективно работают «под надзором» ЭВМ. Но, подчеркнем, как бы впечатляюще, как бы урбанистически ни выглядел гигант ферментер, все процессы в нем, да и в микробиологической промышленности в целом, в итоге определяются способностью мельчайших тружеников – микробов превращать, преобразовывать различные органические соединения.

Микробиологическое преобразование является естественным свойством микроорганизмов, широко распространенным в природе,– об этом уже говорилось. Но особенно важно, что ферментативные (микробные) методы химии в сопоставлении с химическими выгодно отличаются рядом особенностей. Во-первых, направленной специфичностью деятельности ферментов, которая позволяет осуществлять весьма тонкие преобразования органических соединений с использованием простых технологических систем, в то время как аналогичные химические превращения обычно требуют трудоемких многостадийных синтезов; во-вторых, легкообеспечиваемыми условиями действия ферментов, которые обычно функционируют в водных средах и при температурах не выше 80°C, и, в-третьих, наконец, небольшими количествами вредных для биосферы отходов и побочных продуктов. В данном смысле микробиологические методы справедливо считаются «мягкими» в отличие от химических, которые по технологическим условиям и действию на биосферу в целом ряде случаев оказываются «жесткими».

В принципе биотехнологическая промышленность может использовать сейчас любой микроорганизм, имеющий соответствующие ферменты. Требования к такому организму сводятся к нескольким пунктам: штамм микробов обязан иметь способность развиваться в сравнительно несложных по способу приготовления средах, обладать достаточно высокой активностью, накопление продуктов преобразования в среде должно достигаться простыми методами, а все перечисленное, разумеется, следует подчинять экономической целесообразности. И, надо отметить, круг таких микроорганизмов, применяемых сейчас в лабораторной и производственной практике, весьма обширен: это и плесневые грибы, и актиномицеты, и многие бактерии и микроводоросли.

Понятно, биотехнологи создают специальные коллекции, банки микроорганизмов, наиболее подходящих для микробиологического производства. Поэтому не будет преувеличением сказать, что в обыкновенном бытовом холодильнике, где хранится коллекция промышленно используемых микробов, может заключаться иногда больше потенциальных богатств, чем их содержится в объемистых банковских сейфах. Ведь, скажем, одна культура плесневого гриба может дать ценнейшую, жизненно важную продукцию и за несколько лет принести прибыль в сотни миллионов рублей.

Тут уместно привести такой пример. Долгое время Италия считалась главным поставщиком ценного пищевого ингредиента – лимонной кислоты, получаемой из цитрусовых. Но вот был открыт микроб, вырабатывающий тот же продукт на основе низкосортного сахара, но делающий это дешевле и лучше. Положение на мировом рынке резко изменилось. Теперь и страны, далекие от субтропиков, могли отказаться от ввоза дорогостоящей лимонной кислоты,

поскольку наладили у себя ее микробиологическое производство.

Но лимонная кислота отнюдь не единственная, которую получают микробиологическими методами, хотя большинство органических кислот, широко используемых в различных хозяйственных отраслях, производят пока традиционным химическим путем на основе нефтехимического сырья. С помощью микробов в промышленных масштабах налажен выпуск лимонной, глюконовой, кетаглюконовой и итаконовой кислот, а скажем, молочную и уксусную изготовляют как химическим, так и микробиологическим способом. Причем еще совсем недавно основным сырьем для производства органических кислот служили глюкоза, сахароза, меласса, гидролизованный крахмал, словом, разные виды углеводов. Конечно же, биотехнологи стремились приспособить к делу непищевое сырье. В итоге интенсивных исследований у нас в стране и за рубежом были разработаны новые микробиологические процессы получения лимонной, изолимонной, кетаглутаровой, фумаровой и яблочной кислот из жидких парафинов нефти на основе использования специально селекционированных штаммов дрожжей. Большой интерес представляет способ получения лимонной кислоты из парафина с помощью особых дрожжей рода кандида, которые обеспечивают очень высокий выход продукции.

В поле зрения биотехнологии находятся многие направления «индустрии микробов». Ведь они поистине – мастера и умельцы. Могут завершать химические реакции, в результате которых дешевый исходный материал превращается в ценный конечный продукт, но могут брать на себя и только определенную часть производственного процесса. Их «специализации», «профессиональной ориентации» придается важное значение. В промышленности используются микроорганизмы с узкоцелевым назначением: одни производят, скажем, бутанол для автомобильных красок, другие – фумаровую кислоту для смол, третьи – глюконовую для лекарств и т. д.

... Любое живое существо буквально пропитано ферментами – без них невозможна сама жизнь. Их применение в сфере материального производства позволяет осуществить принципиально новые технологические процессы, методы анализов, обеспечить дальнейший рост количества и повышение качества получаемой продукции. Из более чем двух тысяч описанных в настоящее время ферментов полусотне придается важное прикладное значение. А главными поставщиками ферментов для технологических реакций являются все те же микроорганизмы. Но, разумеется, тут необходим тщательный отбор, при котором одним из основных оценочных факторов служит уровень ферментативной активности микроорганизмов. В итоге же практически все определяют конечные экономические показатели.

Обычно биотехнологи предпочитают использовать внеклеточные ферменты. Они проще поддаются превращениям в промышленные препараты, поскольку у них не надо разрушать стенки микробных клеток. В современных промышленных технологиях наиболее популярны гидролитические ферменты. Например, на многих производствах использование этих ферментов дало возможность упразднить процесс кислотного гидролиза. Явно выраженная специфичность гидролазы позволяет получать готовые продукты высокой чистоты. Широкое применение фермента изомеразы объясняется тем, что он преобразует глюкозу во фруктозу, в результате чего образуется глюкозо-фруктозный сироп, практически полностью заменяющий сахар в ряде процессов пищевой индустрии. Превращение значительных по количеству отходов молочной сыворотки, содержащей лактозу, в легкоусвояемые глюкозу и галактозу осуществляет перспективный фермент бета-галактозидаза. Жиры гидролизуются липазами, что уже нашло свое реальное производственное воплощение. Можно перечислить и другие сферы внедрения ферментов. Скажем, смягчение кож в кожевенной промышленности, обезжиривание шелка-сырца, мочка льна, производство ферментируемых кормов и добавок для животноводства – вот лишь схематично очерченная арена, на которой активно выступают эти поистине вездесущие соединения.

Некоторые процессы требуют одновременного присутствия нескольких ферментов. Так как клеточная стенка высших растений состоит из многих соединений, то для ее разрушения необходимо воздействие комплекса ферментов, куда входят целлюлазы, гемицеллюлазы, пектиназы и др. Подобные комплексы нет надобности создавать искусственно, поскольку большинство микроорганизмов производит одновременно целый ряд сходных ферментов, создавая нужную их совокупность естественным путем.

В научно-исследовательской практике особое место занимают высокоочищенные ферменты. Без них генетические инженеры и биотехнологи и шагу не могут ступить. В работах по молекулярной и биоорганической химии, в молекулярной генетике и генетической инженерии, при исследовании первичной структуры нуклеиновых кислот и белков, для конструирования новых геномов и получения рекомбинантных ДНК нужны именно высокоочищенные ферменты, которые благодаря своей специфичности обеспечивают бóльшую точность эксперимента, чем химические методы. Об этом следует поговорить подробнее.

... Единство биотехнологического метода, как известно, заключено в догматическом постоянстве формулы передачи наследственной информации: ДНК→РНК→белок. Несмотря на фантастическое разнообразие биохимических реакций, рожденных эволюцией, их всех объединяет общность в виде единого генетического кода, регулирующего течение процессов экспрессии и образование конечных продуктов. Итогом биохимических процессов могут быть белок, фермент, гормоны, антитело и пр., то есть некоторое соединение с определенными свойствами, диктующее порой характерную особенность целого организма (скажем, морозостойкость или сопротивляемость инфекционным заболеваниям). Генотип, напоминаем, обнаруживает себя в фенотипе. Молекулярная наследственная программа реализуется во внешне зримых формах и структурах живых существ. Но при всем их разнообразии в основе лежит все тот же единый генетический код. В связи с этим один из создателей двухцепочной модели ДНК лауреат Нобелевской премии Френсис Крик писал: «... Так и напрашивается предположение, что жизнь пришла когда-то через очень узкое горлышко и все многообразие сегодняшних живых видов развилось из небольшой и однородной популяции «прасуществ». Думается, что код всегда был таким же, как и сейчас, хотя нельзя исключить, что будут открыты и другие его варианты...».

Догадка ученого об иных вариантах передачи наследственной информации сегодня в какой-то мере подтверждена обнаружением прионов. Эти инфекционные агенты ученые считают удивительным исключением из общего правила наследования признаков, осуществляемого только нуклеиновыми кислотами. Прионы содержат белок и размножаются в живой клетке, однако в них не удается обнаружить ни ДНК, ни РНК. Возможно, в будущем они представят практический интерес, но сегодняшняя биотехнология в решении своих задач твердо опирается на проверенную закономерность ДНК→РНК→белок. Тем более, что познание данной генетической цепочки уже привело к многим реальным достижениям. Ныне они настолько заметны в столь разных областях науки и производства, что, обозревая их, невольно видишь некую причудливую мозаику, вкрапленную основанием в нынешнюю жизнь человеческого общества, но содержанием своим адресованную будущему. И этими успехами ученые в значительной мере обязаны вездесущим ферментам...

Вот рассказ одного из зачинателей биотехнологии французского химика А. Шампанья. «В 1952 году я прочитал книгу Жошуа Кастро «Геополитика голода». В этой книге особое значение уделялось белку как питательному веществу. Книга глубоко взволновала меня. Я стал думать, чем я, как нефтяник, могу помочь в решении этой проблемы. Как раз в это время мы начали работы по микробиологии нефти. После длительных поисков мы, наконец, наткнулись на организмы, которые развиваются в нефти. Они используют ее для питания. Мы получили разновидности культур, которые развиваются на нефти чрезвычайно быстро, а «отходы» их деятельности представляют не что иное, как отличную по своим качествам белковую массу. Белка в этой массе – 50 процентов. Мы убили сразу двух зайцев. Микроорганизмы не только перерабатывают часть нефти в белковое вещество, при этом производят ее депарафинизацию, что значительно улучшает ее качество. Если взять десять тонн твердой нефтяной фракции, очень низкой по своим качествам, и вырастить на ней микроорганизмы, то спустя некоторое время мы получим одну тонну концентрата белка и девять тонн газойля – топлива высшего качества. Этот пример достаточно убедителен. Белковая масса, легко преобразованная в концентрат, может использоваться для питания животных и даже людей. По содержанию важнейших аминокислот этот белок приближается к качеству белка мяса.

Белки из нефти, без сомнения, помогут разрешить проблему «тропического» голода. Это не искусственная пища, а вполне природные продукты. Микроорганизмы, которые питаются нефтью,– своеобразные грибы. Новый метод получения белков органически входит в обычное сельское хозяйство».

Провидческие слова одного из пионеров биотехнологии! В настоящее время и в нашей стране и за рубежом микробиологическая промышленность выпускает миллионы тонн сухих кормовых дрожжей, выращенных на нормальных парафиновых фракциях нефти. Применение таких дрожжей в качестве корма для сельскохозяйственных животных позволяет получать дополнительно большое количество первосортной животноводческой продукции. Но это лишь одна, пусть и очень масштабная, сфера деятельности биотехнологии. Видный советский ученый В. К. Ерошин в связи с этим отмечает: «Как ни важно микробиологическое производство кормового белка, оно не идет ни в какое сравнение со значимостью перспективы производства микробных продуктов для питания человека, то есть минуя животноводство. Разнообразие мира микроорганизмов и типов их питания открывает возможность получения из них различных видов пищи, причем не синтетических, а именно натуральных продуктов, комбинации которых с традиционными видами пищи позволили бы получать блюда, хорошо сбалансированные по содержанию и составу белка, а также другим компонентам питания».

... Биотехнологическая мозаика наших дней замысловато и неожиданно сплетает в себе прошлое, настоящее и будущее познания природы. Новое возникает на базе хорошо известного и делает зримыми привлекательные контуры грядущих открытий. И в этом победном шествии науки и производства важная роль принадлежит ферментам – главному инструменту современной биотехнологии.

Биотехнология помогает решать энергетическую проблему

Ныне эта проблема, как и продовольственная, очень остро стоит перед человечеством. Более того, они во многом взаимосвязаны.

Тепловые электростанции, в которых сжигается ископаемое топливо (нефть, уголь, газ), гидравлические, преобразующие энергию водных потоков, даже атомные, где выделяется ядерная энергия,– все они представляют, можно сказать, привычную, традиционную энергетику. Но сегодня ученые и специалисты, пытаясь восполнить очевидный дефицит энергии, ведут активные и масштабные поиски в области так называемой нетрадиционной энергетики, которая использует, например, энергию солнечной радиации, ветра, термальных источников, морских приливов и течений.

И здесь свое веское слово призвана сказать биотехнология. Действительно, солнечная энергия практически неисчерпаема. Нужно только поставить ее на службу человеку. А это очень и очень непросто. Ученые приходят к выводу, что обращение к биосистемам может привести к рождению исключительно перспективных методов использования энергии нашего светила. Ведь известны некоторые микробные культуры, у которых коэффициент полезного действия по преобразованию солнечной энергии значительно, несравненно выше, чем фотосинтетическая способность растений. Что и говорить, колоссальный резерв!

Однако именно посредством того же фотосинтеза создается вся биомасса Земли. Причем общее ее количество, ежедневно образующееся процессом фотосинтеза на нашей планете, энергетически превышает суммарную годовую мировую добычу нефти, газа и угля.

Биотехнологи разрабатывают различные способы и процессы извлечения из биомассы веществ, пригодных для целей энергетики. Известно, например, что существуют микробы, способные выделять и поглощать молекулярный водород. При этом микробиологическое образование водорода происходит, если в качестве сырья берутся соединения углеводного характера, такие, скажем, как крахмал и целлюлоза. Анаэробные бактерии разлагают сложные органические полимеры, например целлюлозу, белки, жиры и т. д., до более простых соединений – летучих газов, кислот, водорода, двуокиси углерода, аммиака и сероводорода, которые и служат пищей для метаногенерирующих бактерий. В производстве метана 90–95 процентов углерода биомассы превращается в метан. Благодаря указанной особенности до 80–90 процентов органического вещества в процессе развития бактерий, производящих метан, переходит в газ. Это свойство уже давно используется в системах очистки сточных вод, а в последнее время стало основой для нескольких важнейших биотехнологических процессов. С помощью микробной биомассы, кроме газа, может быть получен большой набор самых разных соединений. Анаэробы дают кислоты, спирты, углеводы, аэробы – кислоты и высокомолекулярные спирты.

Превращение углеводов в этиловый спирт – один из наиболее известных микробных процессов.

В условиях дефицита бензина и дизельного топлива наиболее реальным заменителем нефтяного горючего для двигателей внутреннего сгорания стали спирты, особенно этанол. Их достоинство как моторного топлива подтверждено и многочисленными исследованиями, и достаточно широкой практикой.

Спирт имеет определенное преимущество перед бензином: он сгорает быстрее и тем самым повышает мощность двигателя; октановое число спирта существенно выше, чем у ряда сортов бензина; он обеспечивает повышенный к. п. д. и крутящий момент на валу, меньше загрязняет окружающую среду. Словом, несмотря на понятные трудности, связанные с внедрением подобного новшества, двигатель, работающий на спирту, имеет, по обоснованному мнению специалистов, многообещающее будущее.

Смелый шаг в этом направлении сделала Бразилия, где поставщиком спиртового топлива стали обширные плантации сахарного тростника. Здесь, да и в других странах, получает все большее развитие производство газоголя (смесь бензина с 10–20 процентами спирта). Такая смесь в качестве топлива для обычных автомобильных двигателей по расходу на один километр пробега автомашины практически не уступает чистому бензину. Спиртовым компонентом газоголя обычно является этанол, который получают микробиологическим способом из сахарного тростника и иных видов сельскохозяйственной продукции. Применение эмульгаторов позволяет разбавлять этанолом также и дизельное топливо. О масштабах использования подобного горючего свидетельствует тот факт, что значительная часть автомобильного парка Бразилии уже переведена на новые виды топлива.

Правда, пока технология производства этанола из сельскохозяйственного сырья не обеспечивает его достаточной конкурентоспособности в сопоставлении с другими видами топлив. Но, судя по работам ученых и специалистов, такое положение изменится к лучшему уже в ближайшее время. Сегодня проблема получения топливного этанола связана с решением вопроса дешевых источников сырья. Применяемый кис-

лотный гидролиз древесных и других целлюлозосодержащих отходов обходится дорого и требует совершенствования процесса. Большие надежды возлагаются на ферментативный гидролиз. Создаются технологии спиртового брожения в реакторах с иммобилизованными клетками. Немалый интерес представляет идея совмещенного производства спирта и других продуктов. В предлагаемых разработках еще много недостатков, но специалисты убеждены, что в будущем спирт станет серьезным подспорьем в укреплении топливной базы многих стран.

Особое место в биоэнергетике отводится биогазу. Образуется этот продукт, содержащий до 70 процентов метана, в результате сбраживания и переработки навоза, целого ряда сельскохозяйственных, промышленных и бытовых отходов, городских канализационных стоков и пр. В сущности, почти любое углеродсодержащее соединение может быть превращено в метан: солома, сахара, природные белки, полимеры, сточные воды и т. д. Конечно, при таком разнообразии исходных материалов нужен не какой-либо один вид микроорганизмов, а сообщество культур и групп микробов, приспособленных к данному типу сырья. Чистые культуры метанобразующих бактерий производят метан из водорода и углекислоты, а также из очень ограниченного набора соединений – обычно с двумя атомами углерода. Следовательно, для первичной обработки сложного по своему составу сырья необходимы иные микроорганизмы, сначала разлагающие его на более простые соединения, которыми уже потом могут воспользоваться метанобразующие бактерии. Проще говоря, метаногены начинают питаться после того, как пища пройдет переработку в клетках других микробов.

Понятно, что уже по самому своему принципу современный ферментер должен представлять собой сложную экосистему взаимодействующих между собой многих популяций микроорганизмов. Это обстоятельство накладывает на конструирование биотехнологической аппаратуры дополнительные сложности, поскольку природа взаимодействия между микробами в данной технологической схеме полностью еще не изучена. Тем не менее во всем мире год от года множится число успешно действующих биотехнологических ферментеров. Они способны производить и весьма ценную побочную продукцию. Так, в Советском Союзе на ряде предприятий микробиологической промышленности внедрена технологическая схема получения метана, совмещенная с выпуском витаминного препарата B_2, который зарекомендовал себя чрезвычайно эффективной кормовой добавкой (особенно в свиноводстве). Сырьем здесь служат отходы пищевой промышленности и других микробиологических производств. Вообще в нашей стране подход к проблеме производства биогаза носит комплексный характер. В качестве одного из главных поставщиков исходных материалов рассматривается сельское хозяйство, в котором разнообразные отходы животноводства (прежде всего, навоз крупных ферм и комплексов) и растениеводства служат отличным сырьем для промышленного извлечения биогаза. А поскольку при его производстве получают и азотные удобрения, то аграрная сфера будет в определенной мере обеспечивать себя и энергией, и средствами повышения почвенного плодородия.

Проблемы энергетики в каждой конкретной стране решаются в соответствии с уровнем ее промышленного развития. Так, в США в штате Калифорния строится крупный завод микробиологического синтеза метана, где ферментация навоза, бытовых отходов, растительных остатков, соломы, бурых морских водорослей и пр. будет осуществляться в глубоких (до 90 метров) колодцах. После сбраживания массы образовавшийся метан, пройдя очистку, попадет в распределительную газопроводную сеть. А во Флориде уже существует опытно-промышленная установка, перерабатывающая 230 тонн сырья в сутки. Здесь на одну тонну разлагаемого органического вещества получают от 200 до 600 кубометров газа, содержащего 60–80 процентов метана. В Японии для переработки смеси навоза и соломы возводят установку производительностью 5700 кубометров газа в сутки, а в Бразилии, Индии, Китае и ряде развивающихся стран подобных установок возводят тысячи, правда, почти в тысячу раз меньшей мощности.

Таким образом, производство биогаза способствует решению не только собственно энергетической проблемы, но и экологической (утилизация отходов), а также продовольственной (получение высокоэффективных органических удобрений). Поистине комплексный, чрезвычайно перспективный процесс!

Исследования показали, что микробиологическим путем из биомассы могут быть попутно получены жидкие углеводороды, используемые как заменители нефти или добавки к ней, и, кроме того, водород, известный в силу полного сгорания как идеальное «экологическое» топливо. Жидкие углеводороды и глицериды извлекают из биомассы несколькими способами. Например, ее гидрогенизация водородом под давлением в 70 атмосфер при температуре около 400°С в присутствии катализаторов дает смесь жидких углеводородов с числом углеводородных атомов от 18 до 24, то есть соответствующую составу определенных нефтяных фракций. Расчеты показывают, что площадь в 50 тысяч гектаров, засеянная микроводорослями, может обеспечить получение 4800 кубометров жидких углеводородов в сутки. Выход такого имитирующего фракцию нефти продукта составлял до 50 процентов перерабатываемой биомассы, что считается достаточно экономичным для подобного рода процессов.

Вполне понятны устремления биоэнергетиков получать в качестве конечного продукта именно водород – оптимальный и разносторонне используемый источник энергии. Но пока такой процесс малоэффективен, недостаточно экономичен и не технологичен. Однако в последнее время наметилось новое решение этой задачи: водород можно извлекать фотолизом воды (разложение молекул воды на кислород и водород, сродни электрохимическому), осуществляемому фотосинтетическими бактериями или бесклеточными ферментативными системами. Здесь в лидеры вышла синезеленая водоросль анабена. Выведенные учены-

ми штаммы данной водоросли успешно разлагают воду. Культивируются и фотосинтезирующие бактерии, продуцирующие водород. Для тех же целей с помощью фермента гидрогеназы пытаются использовать также хлоропласты высших растений. Экспериментаторы создали даже производящие водород крохотные белковые капсулы, вмещающие хлорофилл и гидрогеназу. Словом, масштаб поисков микробиологических способов получения водорода расширяется, и на этом направлении есть свои успехи. Сейчас способность образовывать водород выявлена у 130 видов микроорганизмов. Трудно себе представить, но эти мельчайшие существа способны «отменить» тяжелые и вредные процессы в громоздких электролитических цехах.

У биотехнологии поистине шаги саженьи. Она может взять на себя производство таких продуктов и веществ, которые в нынешней химической промышленности считаются энергетически не очень выгодными. В их числе аммиак, анилин, глицерин, метанол, фенол, различные углеводороды, широкий набор органических кислот и других соединений. Значительно расширится и ассортимент различных биопрепаратов. Особая роль будет принадлежать производству аденозинтрифосфата (АТФ) – универсального аккумулятора энергии живых организмов. АТФ призван сыграть важную роль при создании биохимических производств, основанных на процессах энзиматического синтеза в бесклеточных системах, поскольку послужит для них источником энергии.

Биоэнергетика все смелее выходит из стен исследовательских лабораторий в широкую практику. Она устремлена в будущее, и ей предстоит внести свой весомый вклад в решение мировой энергетической проблемы.

Биотехнология на страже здоровья

Микробиология практически с самого своего рождения стоит на страже нашего здоровья. И сегодня ученые и специалисты стремятся максимально использовать невидимую, но жестокую войну между полезными микробами и возбудителями болезней. Помогая своим друзьям из мира микроорганизмов в непрекращающейся схватке с их врагами, более того – создавая новые могучие армии микроскопических союзников, человек помогает себе.

Мы уже говорили, что наш век иногда называют веком антибиотиков. Тут, пожалуй, нет преувеличения. Именно антибиотики внесли колоссальный вклад в укрепление здоровья человечества, именно они занимают первое место среди препаратов, выпускаемых мировой фармацевтической промышленностью. Немалая часть этой продукции производится микробиологической индустрией, совместными усилиями микробиологии и химии. Да разве речь только об антибиотиках? Например, те же иммобилизованные ферменты, о которых уже говорилось, выступают в роли препаратов, которые обладают длительным лечебным действием при существенно сниженной токсичности. Одновременно они помогают решить проблему направленного транспорта лекарств в организме. Главное же, что, занимаясь проблемами медицины, микробиология проникает в тайная тайных живого и дает биотехнологам мощные методы и средства борьбы с самыми опасными болезнями.

В ряду микроорганизмов, оказывающих людям немало ценных услуг, совершенно особое по значимости место в биотехнологии занимает кишечная палочка человека и животных. Долгое время до своей широкой известности Ешерихия коли, как ее называют бактериологи, исправно служила объектом для генетических исследований, пока волна экспериментов, поднятая открытием ДНК, не взметнула эту бактерию на свой высокий гребень. Чем же объясняется столь пристальное внимание ученых к данному микроорганизму?

Известно, что штаммы разных бактерий и разные штаммы одного их вида имеют различные «аппетиты» и «вкусы». О роли ферментов-биокатализаторов, регулирующих и ускоряющих процессы, уже говорилось. Поскольку все белки клетки построены по программам, «продиктованным» генами, эти ферменты образуются в результате деятельности определенного гена, что и было показано в 1941 году американскими исследователями Г. Бидлом и Е. Татумом. Генетиков интересовал механизм обменных реакций в клетке, который зависел от последовательного, согласованного действия ферментов. Для подобной цели очень подходящими оказались микроорганизмы-мутанты, лишенные в результате мутации возможности производить какой-нибудь белок, что означало нарушение питательной, метаболической цепочки и, в свою очередь, указывало на конкретное место нарушения генома. Короче, по изменениям в мутантах-микроорганизмах определяли местонахождение генов. Кроме того, культивирование микроорганизмов позволяет быстро получать сотни миллионов отдельных клеток, отбор которых можно регулировать, подбирая различный состав питательной среды. При точных вариациях составов сред удавалось изучить весьма тонкие генетические процессы. Поэтому генетика бактерий стремительно пошла в гору.

Ешерихия коли оказалась идеальным экспериментальным объектом для выяснения пути информации, закодированной в ДНК в виде линейной последовательности нуклеотидов, до белка-фермента, состоящего из линейной последовательности аминокислот. Это открытие повлекло за собой целую серию других генетических исследований, и кишечная палочка стала традиционным для генных инженеров своеобразным испытательным полигоном. Слава Ешерихия коли росла пропорционально все новым обнаруживаемым ее способностям. В итоге уже в наши дни бактерия «вышла» из стен лабораторий и стала применяться в индустриальных масштабах, скажем для промышленной выработки таких ценных медицинских препаратов, как инсулин, интерферон и другие.

При «участии» этой бактерии ученые добились важных достижений, прежде всего в сфере генетических исследований. Например, можно отдельно поговорить об одном из направлений в изучении механизмов регулирования биосинтеза белков. И тут надо бы вкратце повторить уже известное. В цепочку ДНК за-

несена вся информация о всех белках, а значит, в принципе из каждой соматической клетки может в подходящих условиях развиться организм-близнец, абсолютный двойник, в точности повторяющий родительский. Поэтому соматические клетки любого высшего организма содержат одну и ту же потенциальную информативность. Вместе с тем хорошо известно, что клетки различаются по количеству и типу белков, по динамике их биосинтеза. Основываясь на этом, ученые сделали вывод о существовании внутриклеточного механизма, определяющего производство нужного по условиям жизнедеятельности клетки количества белков.

Чтобы в клетке начался синтез определенного фермента, в нее извне должно проникнуть вещество, появление которого послужит как бы сигналом, толчком для начала биосинтеза. Такое вещество называют индуктором. Очень часто им оказывается субстрат индуцируемого фермента. Например, бактерии, сбраживающие глюкозу с помощью уже действующего в клетке фермента, начинают сбраживать и лактозу при попадании этого сахара в цитоплазму клетки. Лактоза выступает в роли субстрат-индуктора, провоцирующего выработку фермента галактозидазы, сбраживающего лактозу, в течение того времени, как она добавляется к глюкозе. Лишь только лактоза перестает поступать, начинает работать механизм репрессирования, подавления биосинтеза ферментов, сбраживающих лактозу. Бактерии кишечной палочки, скажем, переставали синтезировать триптофансинтетазу – образующий триптофан фермент, как только в окружающей среде возникал избыток триптофана. Был сделан естественный вывод о том, что биосинтез ферментов в клетке регулируется двумя антагонистичными механизмами – индукции и репрессии.

Как и все в клетке, индуктор и репрессор должны находиться под контролем генов. Для лактозы нашлось три структурных гена, объединенных последовательно в один блок – оперон, который работает как единое целое и отвечает за сбраживание бактерией лактозного субстрата. Пока в клетке нет лактозы, репрессор связан с опероном в том месте ДНК, откуда начинается считывание генной информации (оно называется геном-оператором), и таким образом останавливает процесс считывания. Попав в цитоплазму, молекула лактозы взаимодействует с репрессором, инактивирует его, освобождает и включает в работу лактозный оперон, который через информационную иРНК запускает метаболическую цепочку реакций сбраживания.

Опыты с Ешерихия коли позволили установить, что «по роду деятельности» существует два типа генов – структурные и регуляторные. Первые, как следует из их названия, определяют структуру создаваемых белков, а вторые управляют структурными генами; включают их или выключают, активируют либо инактивируют, смотря по обстановке, складывающейся в клетке. В нашем примере сбраживания лактозы тоже имеется такой ген-регулятор, командующий производством неактивного репрессора, способного, однако, переходить в активное состояние и соединяться с опероном лактозы, но только после встречи с конечными продуктами сбраживания, то есть когда вся или почти вся лактоза уже переработана и клетка в ферментах расщепления уже не нуждается.

Отличительная особенность работы оперона заключается в том, что вся группа генов включается в процесс биосинтеза и выключается из него одновременно!

Между всеми действующими фигурами этой регуляторной системы, а значит, между геном-регулятором, от которого зависит появление неактивного репрессора, геном-оператором, запускающим оперон, ферментативной цепочкой реакций и конечными ее продуктами устанавливаются отношения, основанные на хорошо известном в кибернетике принципе обратной связи. Управляющая информация, идущая от ДНК, регулируется потоком обратной информации о произведенном количестве фермента и потребностях в нем клетки. Совершается неслышимый, но зримый диалог молекул на универсальном генетическом языке, понять который помогла именно Ешерихия коли.

Но на этом перечень заслуг волшебной кишечной палочки отнюдь не заканчивается. Она сыграла важную роль, например, в процессе клонирования генов. Допустим, нам удалось известным уже путем создать вектор в виде плазмиды с встроенным в нее нужным геном и «заразить» этим вектором бактериальную колонию. Тогда, выделив бактерию с плазмидой, где обретается наш ген, мы получаем возможность неограниченно ее размножить. При этом количество плазмид, как и содержащихся в них генов, пропорционально возрастает. Потомство таких бактерий образует «клон», а исходный ген получает имя клонированного. Поскольку плазмидную ДНК нетрудно отделить от большой ДНК бактерии, становится реальным «штамповать» чистые клонированные гены практически неограниченно. Сегодня с помощью бактерии Ешерихия коли клонированные гены уже получены в больших количествах из самых разных источников, таких, скажем, как пекарские дрожжи, муха дрозофила, морской еж, жаба, курица и пр.

Клонирование генов применяется во многих современных генетических исследованиях, в том числе и при изучении генов антител. Антитела, вырабатываемые организмом для защиты от враждебных антигенов, представляют собой особый класс белков – иммуноглобулинов, и, как все белки, они обязаны кодироваться определенными генами. Но разнообразие антигенов в окружающем мире, в сущности, безгранично! Выходит, и специфически ориентированных на антигены иммуноглобулинов, а значит, и генов, кодирующих антитела, тоже должно быть бесконечно много? Это явное количественное противоречие было снято в результате исследования клонированных генов антител.

Оказалось, что ген, кодирующий данные антитела, отсутствует в наследственном материале организма. Структура таких генов не существует изначально, а образуется постепенно, в итоге нескольких перегруппировок ДНК особых клеток, вырабатывающих антитела. Их называют клетками, осуществляющими иммунный ответ. ДНК иммунных клеток постоянно перестраивается, что приводит к созданию многих линий клеток, несущих на своей поверхности молекулы антител, которые обладают самой разнообразной специфичностью. Попавшему в организм антигену как бы предлагается широкий набор вариантов контакта. В конце концов на какой-нибудь он попадается и «зацепляется» за иммуноглобулин. Тут же те клетки, на поверхности которых антитело связало антиген, начинают размножаться, причем перестройка ДНК продолжается, пока ген, кодирующий антитело, не примет совершенную форму. Затем происходит интенсивное клонирование таких генов, и они множат в организме антитела, нужные для борьбы с чужеродными антигенами.

Это пример естественного клонирования генов, созданного природой в процессе эволюции для целей самосохранения. В биотехнологических работах метод клонирования генов, ДНК, плазмид и векторов стал обычным, отработанным приемом. Он явился как нельзя более кстати, и на внедривших его биотехнологов сразу же буквально обрушился шквал промышленных заказов. Отвечая возрастающему спросу, генные инженеры изобретали все новые методы и средства. Так, для самых простых белков, которые состоят максимум из 40 аминокислотных звеньев, они добились примечательных успехов, дав химикам возможность синтезировать подобные белки, исходя прямо от формулы на бумаге. Методами генной инженерии ученые пытаются сегодня синтезировать, в частности, белок энкефалин, который призван, как надеются, заменить важнейший медицинский препарат морфин, но свободный от присущего морфину свойства наркотического привыкания. Удалось также превратить инсулин свиньи в человеческий гормон, заменив там одну аминокислоту.

Вообще же промышленное получение инсулина является ныне, пожалуй, самым ярким достижением генной инженерии. С этим белком у человечества было немало хлопот, пока на помощь не пришла биотехнология. В нашем организме инсулин вырабатывается поджелудочной железой и регулирует уровень сахара в крови. Нехватка инсулина приводит к заболеванию сахарным диабетом – тяжелой болезни, связанной с расстройством всех видов обмена веществ. Лечат диабет уколами инсулина, который традиционно добывали из поджелудочных желез домашнего скота и других животных. Чтобы получить граммы инсулина, требуются тонны исходного материала, а значит, нужно забить тысячи животных.

Впервые инсулин был выделен канадскими учеными Ф. Бантингом и Ч. Бестом в 20-х годах нашего века. Но только в 1953 году прояснилась его первичная структура: 51 аминокислота образует его коротенькую цепь. Молекула инсулина состоит из двух пептидных цепей – А и В, связанных меж собой атомами серы (дисульфидными «мостиками»). Почему-то эти мостики из двух атомов серы совершенно необходимы, чтобы инсулин работал нормально в качестве гормона. Стоит их разрушить, как он сразу же перестает разлагать сахар в крови. Это обнаружилось, когда ученые получили данный препарат с помощью химического синтеза. Надобность в том была очевидна: животный инсулин, увы, помогал не всем, множество больных диабетом оказались к нему невосприимчивыми. Поэтому, несмотря на высокую стоимость, синтетический инсулин все же стали широко применять в медицинской практике.

Одновременно с искусственным синтезом разобрались в деталях биосинтеза инсулина живыми организмами. Долгое время считалось, что данный процесс идет так: сначала независимо друг от друга синтезируются цепи А и В, а только потом они объединяются дисульфидными мостиками. А оказалось, все наоборот: это соединение синтезируется вначале в виде одной длинной «проинсулиновой» цепи, состоящей из 82 аминокислотных остатков, которая затем сворачивается, образуя в пространстве трехмерную конфигурацию. Пространственную оформленность и прочность такой молекуле придают несколько сульфидных мостиков. Но проинсулин еще не инсулин и не может спасти больного. Чтобы возник активный инсулин, молекула должна разорваться в нескольких местах и отделить от себя два отрезка в 31 и 20 аминокислот, которые, соединившись через атомы серы, и дают инсулин, способный расщеплять сахара.

Биотехнологи, получая инсулин своими методами, в некоторые моменты повторили природные стадии образования этого гормона в животном организме. Они начали с конструирования гена проинсулина: он либо «списывается» с информационной иРНК методом обратной транскрипции при помощи фермента ревертазы, либо создается в процессах химико-ферментативного синтеза. Суть последнего способа заключается в том, что прежде химически синтезируют короткие фрагменты из составляющих ген нуклеотидов, которые затем «сшивают» ферментом лигазой в полинуклеотидную цепочку вместе с регуляторными участками ДНК (промотором, терминатором). Теперь готовый к работе ген проинсулина внедряют в плазмиду-вектор, создавая рекомбинантную ДНК, а ее возвращают в клетку кишечной палочки (или дрожжей). Там ген проинсулина клонируется по мере размножения Ешерихии коли и образует клон бактерий, производящих проинсулин человека. После соответствующей химической обработки из проинсулина получают товарный продукт – инсулин, пригодный для лечения диабетиков.

При разработке этого эффективного и дешевого медицинского препарата было сделано много примечательных открытий. Еще раз подтвердилась универсальность генетического языка: ген человека успешно работал, находясь в бактериальном геноме, то есть «слова» молекулярных команд человека оказались понятны и были приняты «к исполнению» бактериальными молекулами. По сути дела, удалось создать уникальный гибрид, обладающий завидной жизнестойкостью, что еще раз подтвердило прогноз будущего могущества биотехнологии.

Сходным, но более сложным в начальных стадиях способом генетические инженеры получили белок интерферон, предотвращающий развитие вирусов в живых организмах. Различные клетки животных и человека выделяют интерферон в ответ на внедрение ряда вирусов. Интерферон считается фактором неспецифического иммунитета, то есть защищает организм сразу от многих заболеваний. В культурах тканей он образуется не только при нападении вируса, но и при наличии чужеродных нуклеиновых кислот, токсинов, полисахаридов. Данный белок обладает широким противовирусным спектром действия, предполагают, что он задерживает в вирусах синтез нуклеиновой кислоты, не влияя при этом на клеточные нуклеиновые кислоты. Как же ученым удалось получить интерферон?

Когда животный организм подвергается вирусной атаке, его лейкоциты принимают спешные ответные меры и начинают синтез интерферона. Из таких активных лейкоцитов выделяли информационную иРНК, программирующую синтез этого белка, а с нее методом обратной транскрипции в присутствии синтетической затравки – фермента ревертазы и набора нуклеотидов снимали одноцепочную копию кДНК. Затем фермент ДНК-полимераза удваивала одноцепочечную ДНК, к ней присоединялись липкие концы (линкеры) и фермент лигаза «вшивал» полученный фрагмент ДНК в плазмиду-вектор. В таком виде ДНК лейкоцитов, производящих интерферон, могла быть введена в бактерии.

Теперь среди множества бактерий следовало отыскать те, что содержали ген интерферона. Это наиболее сложная часть работы, поскольку в сложной смеси рибонуклеиновых кислот содержится всего одна сотая процента интерфероновой иРНК. Чтобы найти нужные бактерии, пришлось проанализировать большое количество бактериальных клонов. После расщепления плазмид бактерий, способных к гибридизации, были выделены гены интерферона, и один из них стал родоначальником штамма, производящего лекарственный белок. Практическую ценность нового биотехнологического метода легко проиллюстрировать тем фактом, что из литра донорской крови получают лишь одну дозу интерферона, тогда как из такого же объема культуры кишечной палочки их извлекают тысячу! Сейчас по данной методике интерферон производится в промышленных масштабах.

А вот как обстояло дело с выпуском одного из важнейших биологически активных соединений – кортизона. Методами химической технологии он первоначально добывался из бычьей желчи, причем для получения суточной нормы препарата, назначаемой больному артритом, требовалось изъять и переработать желчь сорока животных. Да и само производство кортизона было очень сложное, состояло из трех десятков труднейших химических преобразований, что вкупе и определяло высокую цену лекарства. Но вот ученые открыли разновидность микроорганизмов, которые, используя дешевый исходный материал, частично синтезировали кортизон. Дополненная несколькими простыми химическими реакциями деятельность микробов позволила завершить биотехнологический цикл производства препарата. Из дорогого и редкого лекарства кортизон превратился в общедоступное и широко применяемое.

Вообще природные стероиды обладают замечательными свойствами, жизненно важными для организмов. Начало использования микроорганизмов в производстве многих стероидных гормонов было положено именно тогда, когда удалось успешно осуществить преобразование прогестерона в кортизон с высоким выходом конечного продукта в одну стадию вместо целого ряда различных химических реакций. Природные стероиды охватывают широкий класс соединений (такие гормоны, как кортизон, гидрокортизон, кортикостерон, прогестерон, тестостерон, эстрадиол и т. д.). В их микробиологическом синтезе сейчас применяются плесневые грибы.

Микробы проявляют свои «таланты» в самых разнообразных областях исследовательской практики. Так, еще недавно объектом целого ряда медицинских опытов служили кролики, морские свинки, мыши, крысы. Эксперименты были длительными и дорогостоящими. Микробиологи предложили вместо подопытных животных использовать микроорганизмы. Оказалось, что микробы в течение нескольких часов, максимум – дней дают тот ответ, для получения которого раньше требовалась долгая и напряженная работа.

В лаборатории ученых и цеха биотехнологов микробы-преобразователи попадают разными путями: одни выявляются в результате длительного целенаправленного поиска, другие отыскиваются словно бы сами собой, неожиданно. Например, особо продуктивный плесневый гриб, с которого началось интенсивное производство пенициллина в США, был найден в загнившей дыне-кантелупе. Заболевшие растения хлопчатника дали дрожжевой грибок, оказавшийся настоящим чудотворцем: он стал главным производителем ценнейшего витамина B_2 (рибофлавина), который раньше получали дорогим и сложным синтетическим способом. Почти случайно, при расследовании причин нарушения технологического пищевого процесса, была открыта бактерия, обращавшая сахар в крахмалистое вещество – декстран. А вскоре выяснилось, что декстран способен служить почти идеальным заменителем кровяной плазмы; к тому же он дешев и может сохраняться очень долгое время.

Мы уже рассказывали на примере древнейшего лекарственного растения женьшеня, как современным ученым методами клеточной инженерии удалось наладить производство ценных лекарственных веществ – алкалоидов, стероидов, гормонов, ферментов. Оказавшись на свободе, в тканевой культуре, клетки корня сохраняют способность к биосинтезу целебных органических соединений панаксозидов, которую можно даже усилить за счет технологических возможностей.

Для увеличения производства нужного вещества используют богатый арсенал селекционно-генетических методов. Клетки культур обрабатывают мутаге-

5-273

нами, из полученных мутантов отбирают наилучшие высокопродуктивные образцы, которые иногда дают лекарственных веществ больше, чем исходные клетки тканевой культуры. Так было, например, с индийским растением раувольфия, из которого получают противогипертонические лекарственные препараты раунатин и резерпин. Коллектив ученых под руководством Р. Г. Бутенко вывел мутантные линии тканевых культур раувольфии с содержанием основного алкалоида, в два с половиной раза превышающим его количество в исходных образцах. Такие тканевые культуры из лаборатории идут в фармацевтическую промышленность, в индустрию медикаментов. Впрочем, современные лаборатории клеточной инженерии и сами напоминают заводские цеха. В просторных помещениях, оборудованных современной техникой, регулирующей по заданной программе параметры окружающей среды, на длинных стеллажах, в прозрачных сосудах вызревают тканевые культуры...

Широки и многообразны области, куда проникла клеточная инженерия. Сегодня трудно представить себе клинику или больницу без биохимической лаборатории, где бы не использовались тканевые культуры. Они незаменимы при операциях пересадки органов, при определении злокачественных опухолей, в анализе наследственных заболеваний. А несколько лет назад началась новая волна подъема клеточной инженерии, зазвучали с новой силой знакомые названия: гибридомы, моноклональные антитела... Появились смелые прогнозы и сравнения вроде такого: «Защитники гибридомной биотехнологии считают, что ее влияние на медицину будет сравнимо с переворотом, который в электронике произвел транзистор. Идеология и методология создания моноклональных антител буквально пропитала теоретическую и прикладную иммунологию, проникла во многие разделы биологии и начала осваивать медицину. Клоны гибридомных клеток и их продукты – моноклональные антитела рекламируются, как лекарства и телевизоры...»

Прямо скажем, обязывающее заявление. Что же случилось в такой почтенной по возрасту области знания, как иммунология? И при чем тут клеточная инженерия? Чтобы в этом разобраться, нам придется восстановить в памяти кое-какие школьные понятия. Вспомним, что иммунитетом, о чем уже так или иначе говорилось, мы называем невосприимчивость организма к инфекционным и неинфекционным агентам, которыми могут быть микробы, вирусы, глисты, яды, пыльца растений, чужеродные ткани и органы и многое-многое другое. Этих агентов, неважно существа они или вещества, не счесть по количеству и разнообразию проявлений, важно же, что они несут антигены. За оборону организма от их нашествия отвечают специальные иммунокомпетентные клетки. Когда антигены внедряются в организм, тот отвечает иммунными реакциями, суть и механизмы которых изучает иммунология. У этой науки своя история, и здесь уместно совершить небольшое путешествие в прошлое.

... 1908 год. Стокгольм. В торжественной обстановке Нобелевская премия одновременно вручается двум исследователям, сделавшим фундаментальный вклад в науку об иммунитете. Это – И. И. Мечников и Пауль Эрлих, ученые с громкими, мирового звучания именами. Обмен любезностями, поздравления, рукопожатия, но многие присутствующие прячут улыбки: они знают, что Мечников и Эрлих – давние научные противники.

Создав теорию фагоцитоза, согласно которой вредные агенты, попавшие в организм, «пожираются» особыми блуждающими клетками, – фагоцитами,

И. И. Мечников сформулировал общую идею иммунитета: «Под невосприимчивостью к заразным болезням надо понимать общую систему явлений, благодаря которым организм может выдержать нападение болезнетворных микробов». В дальнейшем оказалось, что не только микробы вызывают в организме иммунные реакции. Мечников считал, что главными защитниками тут являются фагоциты, а Эрлих обнаружил и доказал роль антител в связывании и нейтрализации вредного антигена. По сути, ученые спорили о разных сторонах одного явления, и, когда его единство обнаружилось, все стало на свои места: механика иммунных реакций прояснилась. Действительно, организм высших животных содержит клетки, рождающие «пожирателей микробов»,– фагоциты. Но, кроме фагоцитирующих клеток, тот же организм имеет клетки, умеющие распознавать чужеродные антигены, и клетки, способные вырабатывать антитела. Таким образом, существует сложная система иммунокомпетентных клеток, согласованно защищающих организм.

У человека они представлены Т- и В-лимфоцитами (тимусзависимые и костномозговые). Эти мельчайшие клетки не видны в обычном микроскопе и могут быть обнаружены особым методом микроскопирования – сканированием. На электронограммах лимфоцитов мы видим их «внешность»: В-лимфоциты отличаются множественными ворсинками, которые позволяют им четко обнаруживать попадающие в кровь и лимфу антигены. У Т-лимфоцита подобные ворсинки почти незаметны, но, очевидно, какие-то рецепторы существуют, так как и они очень ловко распознают антигены, чужие клетки, чужие ткани.

У лимфоцитов в организме есть точное место рождения. Их своеобразной предтечей считается стволовая (от слова «ствол») кроветворная клетка, обитающая и саморазвивающаяся в костном мозге взрослых животных. Этим понятием в иммунологии обозначают ряд непрерывно делящихся неспециализированных, недифференцированных клеток, растущих сразу во всех направлениях. Итак, образование лимфоцитов в системе кроветворения, от которой, в сущности, зависит иммунитет всего организма, начинается со стволовых клеток костного мозга. Однако отличить их на первых этапах от соседствующих там эритроцитов, гранулоцитов, макрофагов довольно трудно.

Сравнительно недавно, каких-нибудь два десятилетия тому назад, ученые узнали, что лимфоцитам свойственна большая охота к перемене мест. Причем они совершают по организму не простое путешествие, а четко распланированный вояж, в процессе которого удивительным образом меняется сам путешественник. Для крохотных лимфоцитов размером в 8 микрометров «прогулка» по организму – серьезное испытание: приходится нестись с потоками крови, протискиваться сквозь стенки сосудов, ползти по клеткам. На столь трудном маршруте лимфоцитов ожидают два основательных «привала»: часть их задерживается в вилочковой железе (тимус-железа), откуда выходят Т-лимфоциты (тимусзависимые); другая часть, пришедшая из костного мозга (В-лимфоциты), минует тимус и заселяет лимфоузлы, соседствуя с Т-лимфоцитами.

Поселившись рядом, в лимфоузлах, Т- и В-лимфоциты выступают в роли защитников организма, действуя по согласованной системе обороны. Их клетки имеют свою строгую «профессиональную ориентацию»: есть клетки-убийцы (киллеры), есть помощники (хелперы), одни могут бороться с возбудителем скарлатины, другие – кори, третьи – гриппа и

т. д. Но! Очень важное обстоятельство: каждый лимфоцит «специализируется» только по одному чужеродному белку-антигену. Иногда Т- и В-лимфоциты обороняются парами: скажем, первый расшифровывает сигнал от антигена и передает сообщение об этом В-лимфоциту, который тут же начинает размножаться и дает потомство в виде крупных плазматических клеток. Главная же функция последних – производить антитела, связывающие клетки или молекулы антигена.

Сущность проблемы иммунитета заключена в решении вопроса, как чужеродный белок, попав в организм, приводит к синтезу именно таких антител, которые способны связать именно данный антиген? Наиболее правдоподобный ответ дает клональная теория иммунитета. Представим себе, говорят ученые, что антиген – это замок, а антитело – ключ к этому замку. Но тогда внутри организма должна быть неправдоподобно большая, гигантская связка таких ключей: ведь белков практически безграничное количество! Но не будем пугаться астрономических чисел. Оказывается, для дезактивации антигена антитело не обязано соответственно (комплементарно) повторять его строение. Чтобы ключ-антитело подошел к замку-антигену, достаточно совпадения небольшого, но характерного участка молекул. Этот участок, образованный несколькими аминокислотами, называют детерминантом. Предполагают, что число возможных детерминант не столь безгранично велико, сколь множественны варианты белков, и колеблется от сотни тысяч до миллиона.

Клональная теория предсказала (и предсказание подтвердилось), что каждый лимфоцит производит только один вид антител и что в организме существует столько видов (клонов) лимфоцитов, сколько видов антител такой организм в состоянии производить. По последним данным, число лимфоцитов достигает десяти миллионов. Выходит, количества детерминант у антигенов и антител примерно одного порядка, а значит, на каждый сигнал у организма в потенциале припасен ответ.

Раньше считали, что с появлением антигена-замка в организме изготовляется новый вид ключа – антитело. На самом деле подходящий ключ подбирается в старой связке. Но после того, как такой ключ найден, то есть антиген узнан, начинается активное размножение опознавшего его лимфоцита и синтез антител-ключей. В крови, в лимфоузлах и кроветворных органах содержится около миллиона различных клонов лимфоцитов, причем каждый клон представлен немногими, может быть, сотнями клеток. В больших количествах там аккредитованы только клоны от старых иммунизаций.

Когда антиген проникает в организм, иммунный ответ звучит не сразу. Нужно подобрать ключ, сделать с него тысячи копий, разослать их по местам и т. д. Словом, в таких «хлопотах» проходит порой около двух недель от начала заболевания. Это опасный период, когда микробы интенсивно размножаются и выделяют очень ядовитые токсины, которые даже могут привести к гибели организма. Достаточно организму выстоять это время, и он в состоянии полноценно обороняться от инфекции: антитела, синтезированные В-лимфоцитами, блокируют токсины, а Т-лимфоциты уничтожают и сами микробы.

Итак, иммунитет – это форма деятельности лимфоцитов, которые образуются из стволовых клеток крови в костном мозгу и селезенке. Причем задача Т-клеток-киллеров состоит в том, чтобы опознать и убить чужеродную клетку. Механизм подобной акции еще до конца не изучен; предполагается, что киллеры нарушают проницаемость мембран клетки, содержащей антигены. В-лимфоциты оберегают организм от чужих молекул. Они синтезируют и выделяют в кровь иммуноглобулины, белки, несущие на себе антитело. А весь этот мощный отряд защитников организма объединен под общим названием – иммунокомпетентные клетки. В борьбе с самыми тяжелыми заболеваниями человека и животных данные клетки, как считают иммунологи, призваны играть едва ли не решающую роль.

Развитие теории и практики иммунитета, естественно, привело к идее использовать исключительную специфичность антител, нацеленных на определенные антигены, для лечения злокачественных опухолей, для борьбы с раком. Но решительный сдвиг в этом направлении произошел после создания гибридомы. Она представляет собой соматический гибрид клеток раковой опухоли (миеломы) с В-лимфоцитом, находящимся в активном состоянии, то есть синтезирующим антитела. Для получения такого гибрида в кровь мыши вводили антигены раковых клеток, на что лимфоциты реагировали активной выработкой антител. Лимфоциты извлекали из крови и соединяли с раковыми клетками, образуя гибридомы. Теперь их клетки расселяли, чтобы вырастить из каждой отдельной клон. Поскольку мышь была иммунизирована раковыми клетками, часть гибридных клонов производила антитела к раковому антигену. Каждый гибридомный клон создает антитела только одного вида, и получать их можно в любом количестве, так как хорошо известно, что раковые опухоли могут расти неограниченно долго.

Блестящая научная мысль! Заставить работать враждебные организму клетки на пользу ему! Гибридомный клон производит моноклональные антитела.

Чем замечательны эти продукты гибридных моноклонов? Как отличаются они, скажем, от антител сывороток Пастера? Дело в том, что моноклональные антитела – это продукты потомков одной-единственной клетки В-лимфоцита, и отсюда их уникальные свойства. Первое – небывалая для антител высокоспецифичность; они направлены только против одной малой части сложных молекул антигенов, все – против лишь одной антигенной детерминанты. Второе – моноклональные антитела стабильны как эталоны связи с антигеном. Значит, исследователь может направленно подбирать моноклон гибридом, вырабатывающий антитела нужного «сорта». В животных организмах создается мало некоторых видов иммуноглобулинов. С моноклональных же антител их можно получать в неограниченном количестве.

Обычные сывороточные антитела представляют собой смесь молекул антител, неоднородную по со-

ставу, специфичности, свойствам, что мешает при взаимодействии с антигенами определять степень их уникальности. А вот моноклональные антитела дали возможность провести диагностику уникального антигена, раковой опухоли – меланобластомы. Ученые считают, что применение моноклональных антител позволит заменить в опухолевой терапии неприцельный пулеметный огонь химических лекарств точной снайперской стрельбой.

Пока рано говорить о результатах применения моноклональных антител, но ученым видится лучезарное будущее: моноклональные антитела разрушают раковые опухоли, преследуют в самых дальних закоулках организма одиночные опухолевые клетки и там добивают их! Предполагается, что с помощью моноклональных антител в опухолевые клетки можно транспортировать лекарства. Короче, у моноклональных антител намечается несколько «лечебных специальностей»: убийцы раковых опухолей, чистильщика организма от единичных опухолевых клеток, транспортера медикаментов в больную ткань, радикального диагноста, показывающего место и масштаб пораженного участка. А ведь «рак – самая трудная проблема, с которой когда-либо сталкивалась медицина,– говорит лауреат Нобелевской премии Дэвид Балтимор,– поразительно, до чего легко ускользают клетки от преследования». Инженерия моноклональных антител пока в начале пути. Будем надеяться...

Но уже сегодня несомненно, что пересадка генов привела к радикальным сдвигам в исследованиях и разработках фармацевтической промышленности, в индустрии лекарственных препаратов, в методах и средствах лечения многих болезней, в принципиальном подходе к решению сложных медицинских проблем, в конкретной практике здравоохранения. А в заключение приведем высказывание академика Ю. А. Овчинникова о том, что в области генной инженерии «даже самые смелые прогнозы отстают от жизни».

В согласии с природой

Продолжая, а вернее, развивая затронутую тему, скажем, что речь должна идти не только о защите и сохранении здоровья человека, но и культурных растений, сельскохозяйственных животных, их диких сородичей, почвы, источников вод, атмосферы, словом, в целом природы, глобальной биосистемы нашей планеты, то есть о поддержании экологического равновесия – своеобразного здоровья всего сущего, всего живого на Земле.

Свой весомый вклад в решение этой важнейшей и острейшей проблемы, стоящей перед человечеством, призвана внести и биотехнология. Уже сегодня она помогает людям хозяйствовать в согласии с природой, оберегая ее, в частности внедрять в интенсивно развивающуюся агросферу экологически приемлемые, или, как их еще называют, чистые, мягкие, щадящие технологии.

Кануло в прошлое прежде бытующее представление о сельском хозяйстве как об исключительно мирном, чуть ли не идиллическом занятии. И ученые и практики хорошо знают, что это далеко не так. Даже часто встречающиеся в массовой печати выражения вроде «борьба за урожай», «битва за хлеб» и т. п. при очевидной своей расхожести, пожалуй, весьма точно отражают реальное положение вещей. Работа на земле требует ныне, более чем когда бы то ни было, комплексных знаний и четких навыков, полной и постоянной «боевой» готовности, самого совершенного «оружия» для схватки с насекомыми-вредителями, сорняками, возбудителями болезней. А все это может дать только наука – агротехника и агрохимия, почвенная микробиология, селекция, генетика, генетическая инженерия, в целом биотехнология и другие.

В лечении и ликвидации опасных и разорительных заболеваний растений и животных видное место отводится биотехнологическим методам. Беря в естественной борьбе микробов-антагонистов сторону полезных, человек черпает из природы все новые эффективные средства для достижения своих целей. Например, микроорганизм, продуцирующий антибиотик фитобактериомицин, родом из почв Крыма. Пройдя почти двадцатилетнюю проверку, он показал свою эффективность против поражения растений бактериальными заболеваниями – бактериозами. Предпосевное опудривание семян этим препаратом существенно снижает заболеваемость растений. Другой антибиотик – трихотецин – применяется против мучнистой росы у огурцов, предохраняет зерновые культуры от корневых гнилей, стеблевой ржавчины, твердой и пыльной головни, сахарную свеклу – от корнеедов, плодовые культуры, лен, сеянцы сосны, ели – от иных грибных болезней. Из препаратов, содержащих живые клетки и споры микроорганизмов-антагонистов, большое значение придается триходермину, используемому для борьбы с вилтом хлопчатника и корневыми гнилями многих сельскохозяйственных культур.

Целый ряд знакомых нам по медицине препаратов широко применяется в аграрной практике. С животными в этом смысле проще и понятнее: все-таки основные процессы, происходящие в их организме и человеческом, имеют немало общего. Тем не менее и «аптека» для растений изобилует разнообразными медицинскими средствами. Среди них такие антибиотики, как стрептомицин, тетрациклин и их производные.

Сейчас значительно усилились поиски новых антибиотиков, специализированных именно на борьбе с болезнями растений. В нашей стране для данных целей, как правило, используют антибиотики немедицинского назначения, например уже упомянутый трихотецин, который является продуктом жизнедеятельности микроскопического гриба. Они действенны уже в малых дозах, нетоксичны, обладают хорошей избирательностью. Экономический эффект от их применения чрезвычайно велик. Исследование механизма действия подобных антибиотиков показало, что они помимо прямого защитного действия оказывают стимулирующее влияние на рост и развитие растений. В числе недавно полученных антибиотиков сельскохозяйственного профиля следует отметить агроцин-84, который представляет собой адениннуклеотид, модифицированный несколькими радикалами. Он выделен из галлов – опухолеобразных наростов на стволах и ветвях некоторых плодовых деревьев. Этот препарат оказался эффективным средством против заболеваний ряда культур. Его действие лишено каких-либо побочных вредных последствий. Данный случай хорошо иллюстрирует биологический подход к решению задач сельского хозяйства: взятый из природы объект целесообразно преобразуется и возвращается в природу, не нарушая ее экологического равновесия.

Микроорганизмы, как мы знаем, широко используются и для защиты растений от насекомых. Напомним лишь названия некоторых препаратов, выпускаемых нашей промышленностью на основе бактерии бациллюс турингиензис: энтомобактерин, дендробациллин, инсектин, битоксибациллин и др. Сейчас к ним добавляются патогенные грибы и актиномицеты, поражающие клещей, жуков, тлей, мух, саранчу и пр. Хищные почвенные грибы помогают бороться с нематодами, улавливая их своими клейкими петлями.

Конечно, генные инженеры хотели бы создать такие растения, которые бы сами защищались от паразитов и болезнетворных агентов, выделяя губительные для них вещества, и тем самым позволяли бы обходиться без дорогих и порой экологически небезгрешных химикатов. Подобные работы ведутся, и результативность их покажет будущее. Но сегодня биотехнологические методы идут порой рука об руку с традиционными. Известно, например, что для уничтожения сорняков сейчас широко применяются гербициды. Однако иногда от них страдают и куль-

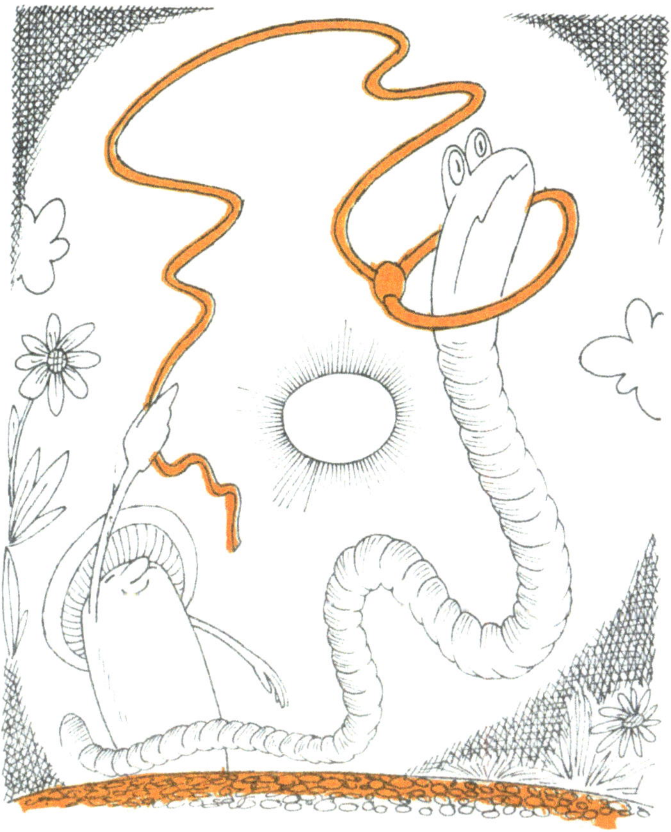

турные растения, а вот некоторые «дикари» демонстрируют завидную устойчивость к химической обработке. Такое случалось, скажем, с соей: она несла урон, а сорняки выживали. Тогда ученые решили позаимствовать у них гербицидоустойчивый ген и пересадить его в сою. Как же делается подобная операция?

Сначала методами, о которых уже говорилось ранее, из сорняка выделяют ген или оперон (несколько генов, действующих как целостная генетическая единица) и внедряют в плазмиду лабораторного микроорганизма – будь то кишечная, сенная палочка или дрожжевая клетка. Такой вектор служит носителем гербицидоустойчивости, но он не может быть передан растению, так как лабораторная бактерия в сое попросту не приживется. Переносчиком может стать бактерия, находящаяся в симбиотических отношениях с растением. И тут неоценимую помощь оказала уже упоминавшаяся нами Ти-плазмида, которая и заставляет растительные клетки производить вещества, не нужные им, но необходимые для размножения самой плазмиды. За Ти-плазмиду в бактерии агробактериум тумефациенс сразу же после ее открытия ухватились генетические инженеры. Она оказалась тем каналом, по которому рекомбинантные ДНК могут проникнуть в организм растения. Ти-плазмида и родственная ей Ри-плазмида из другой почвенной бактерии стали основой векторов, способных переносить чужеродную генетическую информацию в клетки растений...

Биотехнологические разработки сельскохозяйственного профиля весьма разнообразны: от глобальных вопросов развития агросферы до частных решений и интересных находок. Вот, скажем, оказалось, что бактерии, живущие на листьях картофеля, ответственны за чувствительность культуры к резким понижениям температуры. Они становятся центрами кристаллизации льда, вызывают быстрое и губительное охлаждение зеленой массы. Сначала для борьбы с этими бактериями применяли традиционные методы, в частности опрыскивали плантации антибиотиками. Но в этом случае вместе с кристаллообразующими бактериями погибали и полезные микроорганизмы. Поэтому подыскивались более специфические биологические агенты. Следовало найти вирусы, которые избирательно уничтожали бы вредоносную флору, и они в конце концов были обнаружены.

Ученые пытаются обеспечить морозоустойчивость растений и с помощью методов генетической инженерии. Для этого одну из бактерий, вызывающую кристаллизацию воды на поверхности листьев, удалось видоизменить таким образом, что она перестала стимулировать данный процесс. Подобные бактерии можно распыливать на участках с полевыми культурами. Предполагается, что выведенные биотехнологами штаммы будут устойчивыми и вытеснят природные льдообразующие формы. Причем в рассматриваемых опытах исследователи долгое время не знали, какие именно компоненты бактерий, а равно и клетки отвечают за свойство микроорганизмов вызывать кристаллизацию влаги на поверхности листьев. И тем не менее удалось уничтожить гены, определяющие эти неизвестные компоненты. Ученые подготовили набор фрагментов ДНК этой бактерии и экземпляры каждого фрагмента ввели в стандартный лабораторный объект – кишечную палочку, которая обычно не вызывает образования кристаллов льда. Но в одном из экспериментов была обнаружена кишечная палочка, служившая ядром кристаллизации. Она-то и принесла информацию о том фрагменте ДНК, который должен отсутствовать у создаваемой бактерии. Этими фрагментами заменили фрагменты нормальной ДНК бактерии, вызывающей замерзание растений. Поскольку для разных культур нужны неодинаковые штаммы бактерий, такой ген-антифриз требуется теперь присоединить к отдельным хозяевам. Можно надеяться, что подобный метод генной инженерии обеспечит реальный способ решения проблемы морозостойкости сельскохозяйственных растений.

Когда знакомишься с оригинальными предложениями ученых, порой невольно вспоминается давнее изречение о том, что новое – это хорошо забытое старое. Вот лишь один пример, подтверждающий ту же истину. Сейчас среди специалистов и практиков наблюдается стремление к возрождению древнейшего латиноамериканского растения – амаранта, бывшего когда-то основной зерновой культурой империи инков. Она считалась настолько ценной, что в давние времена ей даже поклонялись. Испанские конкистадоры уничтожили ацтекские храмы, запретили возделывать амарант. Постепенно о нем забыли. И совершенно напрасно. Ведь в нем есть многое из того, что так необходимо для обеспечения полноценного, сбалансированного питания. Семена и листья амаранта в комплексе содержат белки отличного качества, обладают повышенной концентрацией лизина – незаменимой аминокислоты. Его листья по вкусу напоминают шпинат, а семена дают муку, из которой получается превосходный хлеб. Увы, пока амарант выращивается в очень незначительных количествах.

А дикая флора? Великий стихийный селекционер Природа наделила ее замечательными свойствами, которые современные генные инженеры стараются привить культурным растениям. Более того, целый ряд «дикарей» достоин того, чтобы после определенных преобразований занять свое место на наших полях. Ведь, по сути, между человечеством и голодом стоят всего два с небольшим десятка основных возделываемых культур. Не такой уж надежный заслон... А старые сорта так называемой народной селекции? Порой легендарные – то ли по урожайности, то ли по приспособленности к неблагоприятным условиям окружающей среды, то ли по качеству зерна и пло-

дов. У них тоже можно позаимствовать немало полезного. А дикая фауна? В ней есть виды, как многозначительно говорят ученые, «пока еще не домашние». Да и домашние, выведенные многовековой скотоводческой практикой, способны стать действенным подспорьем нынешнему интенсивному животноводству. И все это может служить иллюстрацией разумного, природоохранного, экологически верного подхода к решению аграрных проблем.

Потому-то сейчас во всем мире создаются, например, хранилища генетического материала основных сельскохозяйственных культур и их дикорастущих сородичей с целью обеспечить возможность выведения в будущем новых ценных сортов растений, как с помощью обычных методов селекции, так и с использованием достижений генной инженерии. Такие банки живого нередко специализированы по культурам. Скажем, в Лиме (Перу) находится Международный центр картофеля, где собраны все его культурные виды и большинство дикорастущих и, кроме того, почти 13 тысяч образцов зародышевой плазмы. Проблемы, связанные с хранением зародышевой плазмы, решаются путем использования тканевой культуры. Для этого ученые вырезают кусочки верхушек ростков и части так называемой меристемы и выращивают их в пробирках, получая от одного растения большое количество абсолютно идентичных потомков. В заданных искусственных условиях они сохраняются достаточно долго, а применение жидкого азота позволяет вообще исключить необходимость приготовления свежих культур. Подобные генные банки оборудованы по последнему слову техники и снабжены ЭВМ, которые в считанные секунды выдают исчерпывающую информацию о каждом представленном здесь образце. В нашей стране крупнейшая коллекция флоры собрана во Всесоюзном институте растениеводства (ВИР), откуда ученые черпают ценнейший материал для своих исследований.

Генная инженерия делает возможным ломку природных барьеров, тех естественных и трудноодолимых границ, которые пролегают между различными семействами растений и тем более между растительным и животным миром. Правда, пока практические успехи этой науки в сравнении с возлагаемыми на нее надеждами выглядят еще весьма скромными. Это объясняется тем, что в растительном царстве, где имеется множество видов, описано лишь два десятка генов, в то время как отдельное растение может содержать 30000 различных генов. Отсекать с помощью современных средств фрагменты ДНК от генома технически не представляет сложностей. Но ученые пока не могут ответить на самый элементарный вопрос: а что же все-таки нужно отсекать, какие части данного генома и как и куда их потом встраивать? О том же говорит и директор Объединения сельского хозяйства и биологической технологии в США Джузеппе Пиччиуро: «Хотя мы и освоили некоторые процессы, но наши генные знания еще далеко не полны. Для пересадки генов одного вида организмов другому, оказывается, необходимо знать в совершенстве структурную последовательность и функцию генов обоих видов. В то время как од-

на бактерия может иметь несколько тысяч генов, у растений их десятки тысяч, и самых разнообразных типов».

Современная биотехнология своими достижениями во многом обязана изучению микробов, обитающих в почве. Грибы, дрожжи, актиномицеты и другие микроорганизмы – постоянные жители почвы. А сегодня они прилежно трудятся в лабораториях институтов и на биотехнологических предприятиях. Но, по праву претендуя на высокую научную и производственную роль, новое направление не стало неблагодарным детищем, позабывшим свою праматерь – почву, а вернулось к своим истокам в преображенном виде – в образе почвенной биотехнологии.

Наука эта объединяет методы, способы и средства изучения почвенных микроорганизмов, продуктов их превращений (метаболитов) и направленного манипулирования ими с важной и очевидной целью – стабильно получать высокие и качественные урожаи при сохранении и даже повышении плодородия почвы – залога ее здоровья и благополучия. Арсенал почвенной биотехнологии уже сегодня разнообразен, а в недалеком будущем станет куда шире. Например, сейчас в нашей стране выпускаются так называемые бактериальные удобрения – препараты, содержащие азотфиксирующие микроорганизмы. В целом же биотехнология может стать мощным фактором регулирования почвенных процессов. Современное знание закладывает фундамент грядущего, когда человечество окажется у своеобразного пульта управления жизнью почвы. А ведь почва, как ее охарактеризовал академик В. И. Вернадский, является важнейшим компонентом разумной материи, основой ноосферы – сферы разума.

Микроорганизмы – главное орудие биотехнологии – играют первостепенную роль в глобальных природных процессах. Следовательно, столь же велика значимость и ответственность этой науки в великом и благородном деле поддержания экологического равновесия нашей планеты, обеспечения здоровья природы и человека.

Навстречу XXI веку (вместо послесловия)

Рубежи биотехнологии просматриваются из нашего сегодня несколько расплывчато, отрывочно, мозаично. Вдруг выступят из туманного далека очертания уже хорошо знакомого нам «идеального» растения со съедобными, как у шпината, листьями, с богатыми белком семенами, с крупными вкусными клубнями, с фиксирующими азот корнями и, наконец, со стеблем, идущим на производство волокна. То откроются взору щедрые пшеничные нивы на солончаковых, прежде безжизненных пространствах. Вот плантации, где кустится многолетний картофель, а вот поля, на которых растения сами себя удобряют и охраняют от вредных насекомых и возбудителей болезней. Видятся невдалеке и фермы будущего, где под присмотром совершенных средств механизации и автоматики содержатся животные поразительной, по теперешним меркам, продуктивности. И, конечно же, привлекает внимание какой-нибудь сверхмощный ферментер этажей эдак в тридцать, где неустанно трудятся для блага человека «прирученные» микроорганизмы...

Что и говорить, очень соблазнительно прогуляться в такие розовые дали. Но кто-то скептически заметит: да ведь это всего лишь мечта!.. Однако мечтать никому не заказано, особенно когда творческое воображение опирается на мощь науки, силу современного знания. У нас в стране развитию биотехнологии придается государственное значение. Над решением ее сложных вопросов работают крупные научные коллективы. В Продовольственной программе СССР конкретно указана необходимость «развивать теоретические исследования по проблемам генной инженерии в селекции растений, микроорганизмов и животных». Вместе с тем биотехнология становится явлением международного масштаба, благодатной сферой сотрудничества многих стран мира.

Вот, например, какие задачи по ускоренному развитию биотехнологии ставит комплексная программа научно-технического прогресса стран – членов СЭВ до 2000 года. «Основная цель сотрудничества стран – членов СЭВ в этой области – предупреждение и эффективное лечение тяжелых болезней населения, резкое увеличение продовольственных ресурсов, улучшение обеспечения народного хозяйства сырьевыми ресурсами, освоение новых возобновляемых энергетических источников, дальнейшее развитие безотходных производств и сокращение вредных воздействий на окружающую природную среду.

Достижение этой цели необходимо обеспечить за счет ускоренного внедрения передовых результатов, полученных в области биотехнологии путем сотрудничества братских стран в здравоохранении, в отраслях агропромышленного комплекса и промышленности, путем дальнейшего развития фундаментальных исследований по всему комплексу биологических наук и других областей естествознания, непосредственно связанных с изучением физико-химических основ жизненных явлений, а также создания и организации производства необходимого технологического оборудования.

В качестве первоочередных задач определены создание и широкое народнохозяйственное освоение:
– новых биологически активных веществ и лекарственных препаратов для медицины (интерферона, инсулина, гормона роста человека, моноклональных антител и др.), позволяющих осуществить в здравоохранении раннюю диагностику и лечение тяжелых

заболеваний – сердечно-сосудистых, злокачественных, наследственных, инфекционных, в том числе вирусных;

– микробиологических средств защиты растений от болезней и вредителей, бактериальных удобрений и регуляторов роста растений; новых высокопродуктивных и устойчивых к неблагоприятным факторам внешней среды сортов и гибридов сельскохозяйственных растений, полученных методами генной и клеточной инженерии;

– ценных кормовых добавок и биологически активных веществ (кормового белка, аминокислот, ферментов, витаминов, ветеринарных препаратов и др.) для повышения продуктивности животноводства; новых методов в биоинженерии для эффективной профилактики, диагностики и терапии основных болезней сельскохозяйственных животных; новых биотехнологий получения хозяйственно ценных продуктов для использования в пищевой, химической, микробиологической и других отраслях промышленности; биотехнологий глубокой и эффективной переработки сельскохозяйственных, промышленных и городских отходов, использования сточных вод и газовоздушных выбросов для получения биогаза и высококачественных удобрений.

Реализация программы позволит все более рационально использовать возобновляемые биологические ресурсы в народном хозяйстве, повысить благосостояние и улучшить здоровье населения, обеспечить более полное снабжение населения продовольствием и лекарствами, а также путем применения энергосберегающих и безотходных технологий улучшить состояние окружающей среды, поднять на новый качественный уровень здравоохранение, медицинскую, сельскохозяйственную и ветеринарную науку».

Рубежи биотехнологии – понятие динамичное:

они как бы отступают по мере движения науки вперед, и, достигнув одних, мы открываем для себя другие, еще более трудные и привлекательные. Поэтому наша книга не может претендовать на исчерпывающую полноту; она – и об этом говорилось – мозаична, фрагментарна. На ее страницах читатель познакомился с такими глобальными проблемами биотехнологии, как активизация реакции фотосинтеза и управление процессами азотфиксации, со стратегическими исследованиями молекулярной биологии и генной инженерии в областях растениеводства, животноводства, ветеринарии и медицины, промышленного производства искусственного белка и разнообразных продуктов микробиологического синтеза, узнал о вкладе биотехнологии в решение энергетической проблемы и в дело охраны окружающей среды и о многом ином.

Разные задачи, разные масштабы и, понятно, разные методы и средства решения, которые еще только предстоит найти. Ясно одно: истина постигается долгим трудом – прошлым и настоящим, научной преемственностью. Лишь содружество проверенного временем опыта и новейших идей, передовой практики и науки, фундаментальных исследований и конкретных технологий способно дать желанные результаты. Повторим еще раз: биотехнология отнюдь не отвергает накопленного опыта, она его наследует, анализирует, совершенствует, поднимает на уровень сегодняшних требований. А вот, кстати, поучительный пример. Так называемое «органическое» или «биологическое» земледелие – не альтернатива и отнюдь не соперник традиционному. Они призваны идти рядом, помогая друг другу. Заботясь об этом, ученые испытывают в небольших масштабах своеобразные модели, как бы возможные варианты завтрашнего сельского хозяйства.

Когда эта книга готовилась к печати, в одном из выпусков телепередачи «Международная панорама» был показан небольшой, но очень интересный репортаж. Речь в нем шла о японской ферме с простой, рациональной и практически безотходной технологией. Исходным сырьем здесь служат измельченные древесные отходы. Их подвергают стерилизации в автоклаве, а затем обеззараженную массу засевают спорами грибов. После того как грибы в достаточной мере разовьются, образовавшийся продукт скармливают бычкам. Такой рацион позволяет получать высокий прирост массы животных и быстро доводить их до товарных кондиций. Тот же материал идет и на подстилку скоту, поскольку отлично впитывает выделения животных. Использованная и обогащенная органикой подстилка служит потом средой для развития червей. Черви идут на корм курам и прудовым рыбам. Наконец, облагороженный червями конгломерат представляет собой однородную массу, по своим плодородным свойствам превышающую самые лучшие черноземы.

Итак, работая на дешевых древесных отходах, ферма производит говядину, мясо птицы и рыбы, куриные яйца и, как это ни странно звучит, прекрасную, богатейшую почву. Добавим, что обслуживающий персонал насчитывает всего пять человек. Здесь нет никакого сверхсложного оборудования, никаких компьютеров, и тем не менее ферма вполне может претендовать называться прообразом сельскохозяйственного предприятия будущего – рентабельного, «биологизированного», с эффективной, безотходной, более того – почвоулучшающей технологией.

... Ростки завтрашних достижений таятся в дне нынешнем, надо только вовремя их заметить, поддержать, надо умело за ними ухаживать. Своими направлениями биотехнология устремлена в будущее,

как молодое дерево ветвями в высоту, и в этой набирающей силу кроне не сразу обнаружишь логику и единство, пока не обратишься взглядом к стволу, корням, к почве, которая питает любую жизнь. Сейчас мы находимся лишь в начале своеобразного Ренессанса биологической науки, в первую очередь ее передового отряда – генетической инженерии. Предполагается, что период расцвета этой отрасли знания придется на следующее столетие, и там, видимо, особый упор будет сделан на быстрейшее внедрение ее достижений в практику сельского хозяйства.

И все-таки, сколько б манящих далей ни открывалось перед биотехнологами, взгляд их неизменно возвращается к земной поверхности, к почве. Все мы живем на земле и самое необходимое, насущное получаем от нее. Так будет и впредь. Сельское хозяйство – древнейшая, огромнейшая и по сей день главная сфера производственной деятельности человека. И по-прежнему здесь «на первых ролях» все та же знакомая триада – растения, животные, микроорганизмы, а сценой, на которой вершится их великое действо, остается земная почва. Наращивая степень интенсификации, аграрное производство призовет себе на службу технологии, которые ныне связаны с понятием «биологизация» и отчасти поясняются такими весьма красноречивыми названиями, как восстановительное, поддерживающее, почвосберегающее и даже щадящее сельское хозяйство, органическое земледелие, агроэкосистемы, альтернативные сельскохозяйственные системы. Дело тут, разумеется, не в терминах, а в том, что все они отражают наше возросшее понимание острейшей необходимости сохранить и приумножить почвенное плодородие, хозяйствовать, оберегая природу, чтобы передать землю потомкам здоровой, щедрой, богатой.

... XXI век не за горами. Как знать, может быть, его назовут биотехнологическим. А самое лучшее – хочется в это верить! – веком мира и процветания. Мы подходим к нему с несомненными достижениями и с грузом нерешенных вопросов, с добрыми надеждами и с понятными опасениями, но при всем том – с твердым осознанным убеждением, что без борьбы, без упорного труда, без творческих исканий, без биения созидательной человеческой мысли не решится ни одна проблема, не разгадается ни одна тайна природы.

Оглавление

Всеволод Тихонович Емцев

Рубежи биотехнологии

Зав. редакцией Т. С. Микаэльян
Редактор И. С. Сороко
Художественный редактор М. Д. Северина
Художники Б. А. Валит, Е. С. Шабельник
Технические редакторы Т. Б. Платонова, Е. В. Соломович
Корректор Н. В. Панкратова

ИБ № 3924

Сдано в набор 27.02.86. Подписано к печати 17.09.86. Т-19920. Формат 70 × $100^1/_{32}$. Бумага офсетн. № 1. Гарнитура литературная. Печать офсетная. Усл. печ. л. 6,5. Усл. кр.-отт. 13,32. Уч.-изд. л. 6,61. Изд. № 258. Тираж 40000 экз. Заказ № 273. Цена 30 коп.

Ордена Трудового Красного Знамени ВО «Агропромиздат», 107807, ГСП, Москва, Б-53, ул. Садовая-Спасская, 18.

Можайский полиграфкомбинат Союзполиграфпрома при Государственном комитете СССР по делам издательств, полиграфии и книжной торговли.
143200, г. Можайск, ул. Мира, 93.

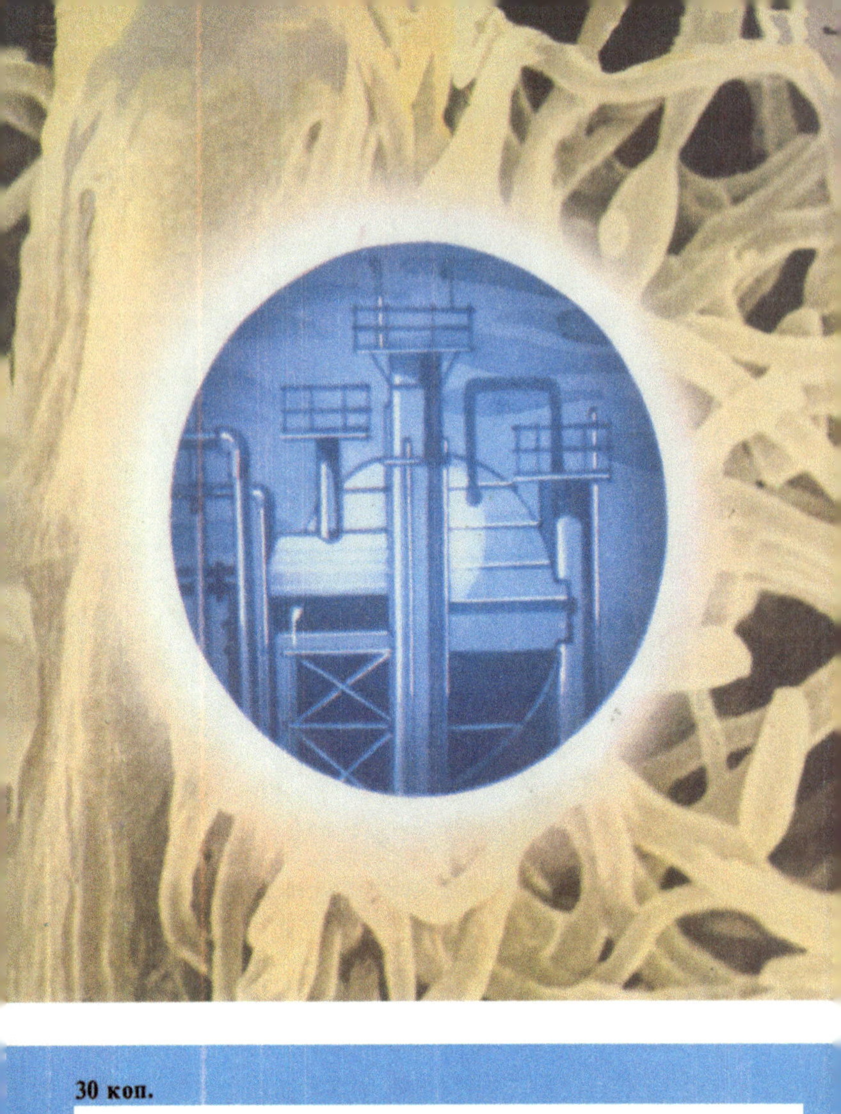

30 коп.